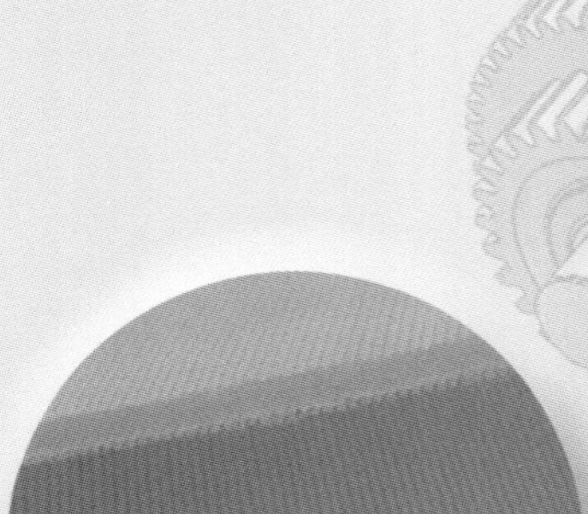

Feiguanghua Sanmingzhi Xitong de Ruanceliang yu Guzhang Zhenduan Jishu Yanjiu

非光滑三明治系统的软测量与故障诊断技术研究

周祖鹏 等 | 著

華中科技大學出版社
http://www.hustp.com
中国·武汉

内 容 简 介

本书内容包括绪论、非光滑三明治系统的描述方法、非光滑三明治系统状态的软测量方法、软测量观测器的收敛性分析、非光滑三明治系统的鲁棒软测量方法、非光滑三明治系统的故障预报技术、复合非光滑三明治系统的软测量、总结与展望等八大部分，具体介绍了非光滑三明治系统的描述方法，阐述了非光滑三明治系统的软测量观测器与鲁棒软测量观测器的构造方法及其收敛性，给出了非光滑软测量观测器的应用实例，给出了非光滑三明治系统的故障预报技术及其应用实例，最后说明了复合非光滑三明治系统软测量方法及其应用等。

本书可作为高等院校自动化、机械和机电一体化等相关专业研究生的学习参考书，还可作为从事非线性系统研究的相关研究人员的参考资料。

图书在版编目(CIP)数据

非光滑三明治系统的软测量与故障诊断技术研究/周祖鹏等著. —武汉：华中科技大学出版社，2016.5

ISBN 978-7-5680-1603-2

Ⅰ.①非…　Ⅱ.①周…　Ⅲ.①机械工程-控制系统-研究　Ⅳ.①TP273

中国版本图书馆 CIP 数据核字(2016)第 052173 号

非光滑三明治系统的软测量与故障诊断技术研究　　周祖鹏　等著

Feiguanghua Sanmingzhi Xitong de Ruanceliang yu Guzhang Zhenduan Jishu Yanjiu

策划编辑：万亚军
责任编辑：王　晶
封面设计：刘　卉
责任校对：李　琴
责任监印：张正林
出版发行：华中科技大学出版社(中国·武汉)
　　　　　武昌喻家山　　邮编：430074　　电话：(027)81321913
录　　排：武汉三月禾文化传播有限公司
印　　刷：武汉鑫昶文化有限公司
开　　本：710mm×1000mm　1/16
印　　张：9.25　插页：2
字　　数：175 千字
版　　次：2016 年 5 月第 1 版第 1 次印刷
定　　价：35.00 元

作者简介

周祖鹏，广西桂林人，1977年12月生。2000年毕业于湖南大学汽车与拖拉机专业，获学士学位。2006年毕业于桂林电子科技大学机械电子工程专业，获硕士学位。2012年12月毕业于西安电子科技大学电子工程学院信号与信息处理专业，师从谭永红教授。2013年分别在美国华盛顿州立大学和意大利巴西利卡塔大学从事博士后研究工作。

主要研究方向：非线性系统的软测量，非线性系统的故障诊断，仿生设计与绿色设计等。

代表性成果及经历：自2007年起，申请发明专利6项，获得实用新型专利8项；在核心以上级别期刊发表论文20余篇，其中SCI收录论文4篇，EI收录论文10余篇；在《控制理论与应用》国内权威核心刊物上发表研究论文4篇，在国际SCI收录期刊 *Measurement* 上发表论文1篇，在国际SCI收录期刊 *International Journal of Applied Electromagnetics and Mechanics* 上发表论文2篇，在国际SCI收录期刊 *Fuel* 上发表论文1篇。

前　　言

当前，我国正处在由粗放型发展模式向集约型发展模式过渡的关键时期，为了实现这一过渡，中国必须由一个制造业大国变成一个制造业强国，实现自主创新和绿色制造，最终走上可持续发展的道路。其中，随着科学技术的不断发展，对于制造业的制造精度要求也在不断提高。在航空、光学、生物学和医学等领域，对于执行器和传感器的精度要求已从微米级向纳米级甚至更高精度级别跨越。然而，这些系统精度的提高离不开自动控制技术的同步发展与更新，如何实现对这些高精度系统甚至超高精度系统的精确控制和故障诊断是一个具有挑战性的难题。因此，本书针对一类能用非光滑三明治系统描述的高精度和超高精度系统的软测量问题和故障预报问题进行了详细的论述和研究，希望能为中国成为制造业强国做出贡献。

众所周知，在电路系统、通信系统和工业机电系统中都广泛存在着死区、间隙、迟滞三种典型非光滑非线性环节。而且，在实际系统中，这些非光滑非线性环节往往夹在两个线性环节之间，构成非光滑三明治系统。在过去的建模中，往往忽略了这些非光滑非线性特性，而用线性系统简化该类系统。然而，这样的简化处理必然造成模型的不准确，给后面的观测器构建带来不利影响。因此，通过努力将这些客观存在的特性都考虑进去，构建更为准确的数学模型来描述非光滑三明治系统，在此基础上构建观测器，对这类非光滑三明治系统进行准确的软测量和故障预报，是很有应用价值的研究工作。然而，在过去的文献中，还没有专门针对非光滑三明治系统的论述。

作者根据多年来在这个领域的研究，特别针对工业中广泛存在的非光滑三明治系统进行了详细的阐述。首先，采用切换函数和切换项构建非光滑状态空间方程来精确描述非光滑三明治系统。其次，巧妙地构造能随系统工作区间变化而自动切换的非光滑观测器对该类系统进行状态估计和软测量。再次，考虑干扰和噪声等实际工作状态，构建了鲁棒状态观测器对系统进行鲁棒状态估计，特别是提出的广义干扰的概念成功解决了这类系统的鲁棒软测量问题。最后，利用鲁棒故障预报观测器实现了对这类系统的准确故障预报，为今后这类系统的故障诊断奠定了重要基础。

本书可作为工科院校自动化专业以及相关专业的研究生选修课程教材或参考书，也可以作为开展系统非线性研究、复杂系统状态估计、复杂系统控制和故障诊断研究工作者的参考书。

本书主要由桂林电子科技大学周祖鹏博士负责全书的撰写工作，西安电子科技大学谭永红教授对非光滑三明治系统观测器的设计给予了重要的指导性意见，广西大学谢扬球博士提供了第 3 章中的死区和迟滞非光滑三明治系统的实验数据，上海师范大学董瑞丽博士为第 2 章中的系统描述的方法提供了建议。在此表示感谢。

本研究得到如下项目的资助。

(1) 国家自然科学基金项目：非光滑三明治系统状态估计与故障预报研究(No. 61263016)。

(2) 广西自然科学基金(教育部留学回国人员科研启动基金)：复合非光滑三明治系统状态估计与故障预报研究(No. 2015GXNSFCA139019)。

(3) 广西重点实验室主任基金：机器手中的非光滑三明治系统状态估计研究(No. 12-071-11-62_003)。

(4) 广西重点实验室主任基金：机器手中的非光滑三明治系统故障诊断研究(No. 13-071-11-62_006)。

在此表示衷心的感谢。

由于作者的水平有限，书中难免有不妥和错误之处，敬请广大读者批评指正。

作 者

2015 年 11 月

目　　录

第1章 绪论

1.1 引言

非光滑三明治系统广泛存在于电路系统、通信系统和工业机电系统等实际应用系统中。分析和描述这类特殊系统对于实现这类系统的准确状态控制和故障预报具有重要的现实意义。因此，本章首先给出了三明治系统和非光滑三明治系统的结构和定义，然后重点介绍了在电路系统、通信系统和工业机电系统中常见的死区三明治系统、间隙三明治系统和迟滞三明治系统。接下来介绍了迄今已有的可供参考的系统状态估计和故障诊断的方法。最后给出了本书的内容安排。

若一个非线性环节位于两个动态的线性模块之间，这类系统称为三明治系统，其结构如图1.1所示，有的文献也称之为Wiener-Hammerstein系统（W-H系统）[1-2]。

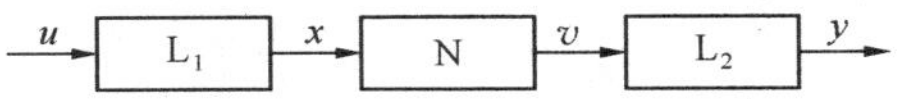

图1.1 三明治系统的结构

其中，N是非线性环节，L_1和L_2分别是前端和后端的线性动态环节。在通常情况下，这类系统的输入u和输出y可测，而中间变量x和v不可直接测量。在图1.1中，若$L_1=1$，则为一种典型的非线性系统，即Hammerstein系统，如果$L_2=1$，则系统变为Wiener系统。因此，无论是Hammerstein系统还是Wiener系统，实质上都是三明治系统。

另外，还有一类系统就是一个动态的线性环节位于两个非线性模块之间的系统，一般称这类系统为广义的三明治系统。因为，此时如果将整个系统分为两部分来看，Hammerstein系统在前，Wiener系统在后，所以通常称其为Hammerstein-Wiener系统（H-W系统）[3]。H-W系统不属于本书的讨论范围。

当三明治系统中所嵌入的非线性环节是光滑非线性时，称为光滑三明治系统，反之，如果所嵌入的非线性环节为非光滑非线性时，则称为非光滑三明治系统。本书将研究电路系统、通信系统和工业过程中常见的具有死区、间隙和迟滞这些非光滑非线性的三明治系统的状态估计与故障诊断问题。

由于非光滑三明治系统的结构比较复杂，其非光滑非线性的导函数不连续，甚至非线性本身都不连续，因而传统的系统状态估计和故障诊断方法难以直接推广于具有非光滑非线性的系统中，所以非光滑三明治系统的状态估计和故障诊断要比其他线性系统或非线性系统复杂得多。如何构造这类系统的状态空间方程和观测器，对其进行准确的状态估计和故障诊断，是一项具有挑战性的课题，也是近来在控制界逐渐引起人们重视的研究课题之一。

在实际电路系统、通信系统、信号处理系统以及机电系统中，非光滑三明治系统是广泛存在的，比如电路系统中常用的功率放大系统、通信工程中常用的射频电路系统和锁相环路系统，以及机电系统中的液压执行器驱动的飞机升降梯、带压电执行器的电子扫描隧道显微镜、超精密运动平台、带齿轮的伺服定位控制系统等系统都属于这类系统[2]。下面给出几个典型的非光滑三明治系统的例子。

1.1.1　功率放大器

功率放大器在音响设备中广泛应用，一个完整的功放系统包括三个部分：电压放大级，功率放大级，负载级(例如扬声器、电动机之类的负载)。电压放大级可以看作是一个线性动态系统，用 L_1 表示，负载级也可以看作是一个线性动态系统，用 L_2 表示。中间的功率放大电路采用乙类互补电路，由于管子的基极电流必须在基极电压大于门限电压(NPN 硅管约为 0.6 V，PNP 锗管约为 0.2 V)时才有显著变化，否则输出电流为零，因此具有死区特性，可以看作是一个死区环节 DZ。并且，三级管电路两端的输入和输出电压往往难以测量，因此，这一类功率放大器可以看作是死区三明治系统[4]。功放电路组成结构如图 1.2 所示。

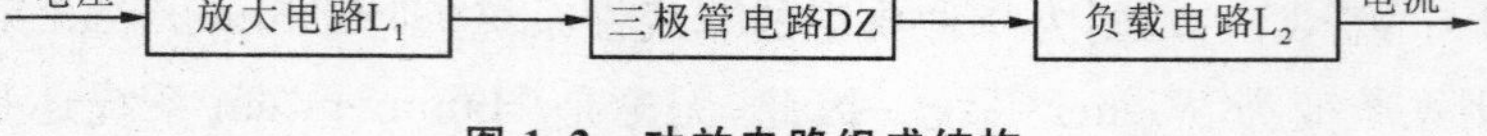

图 1.2　功放电路组成结构

1.1.2　射频电路

射频电路中的 AM(幅度)解调器用于从接收到的载波信号中提取相应的数

据信号。AM 解调器包括包络检测电路、滤波电路和迟滞比较器。最后，迟滞比较器再与逻辑控制电路相连。其中，包络检测电路和滤波电路可以看作是一个线性动态系统，用 L_1 表示，逻辑控制电路也可以看作是一个线性动态系统，用 L_2 表示，中间的迟滞比较器可以看作是迟滞非线性非光滑环节 HS。因此，整个射频电路的 AM 解调电路可以看作是一个迟滞非光滑三明治电路系统[5]。射频电路 AM 解调电路组成结构如图 1.3 所示。

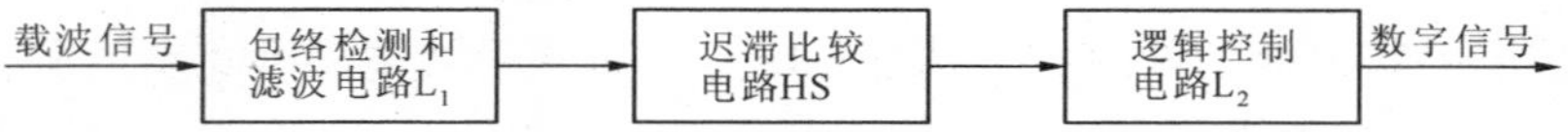

图 1.3　射频电路中 AM 解调电路组成结构

1.1.3　锁相环路

锁相环路（简称 PLL）是由鉴相器、环路滤波器和压控振荡器组成的闭环电路，它利用相位误差信号去消除频率误差，自动反馈控制电路，可实现无误差频率跟踪，即当锁相环路锁定时，输出信号的频率与输入信号的频率相等，若输入信号的频率发生变化，输出信号的频率也跟随变化并保持相等。其中，两端的鉴相器（PD）和压控振荡器（VCO）分别可以看作是非光滑三明治系统的前端 L_1 和后端 L_2 线性环节，中间的环路滤波器可以看作是一个迟滞环节 HS。因此，整个锁相环路可以看作是一个迟滞非光滑三明治电路系统[6]，如图 1.4 所示。

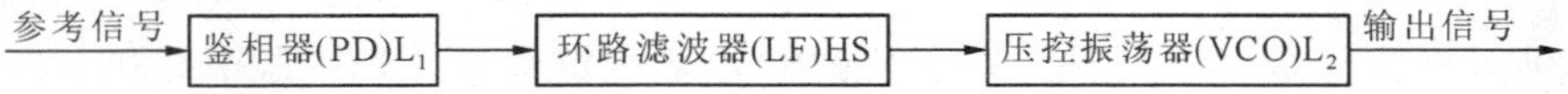

图 1.4　锁相环路电路组成结构

1.1.4　超精密移动定位系统

记忆合金、压电陶瓷的智能执行装置具有定位精度高、驱动力大和响应快等优点，被广泛应用在精密加工机床、航天飞机的柔性机械手臂和天文望远镜等精密设备的定位系统中。但是记忆合金和压电陶瓷中存在着迟滞这种非光滑非线性，由于迟滞的影响，系统会出现波动、振荡或动态误差。

超精密移动定位平台常用于实际的超精密制造系统中，以实现系统的精确微位移。该平台由放大电路、压电执行器和负载三部分组成，如图 1.5 所示。压电执行器的前端与功率放大器相接，后端与负载连接。这样的系统可以用迟滞三明治系统描述。

图 1.5　超精密移动定位平台的结构

1.1.5　机械传动系统

机械传动系统是机器中的一个重要部件，通过机械传动系统，不仅可以改变动力源的动力传动方向，而且可以改变动力传动源的传动速度，它的正常工作是整个机器正常工作的重要基础。图 1.6 所示的就是一种典型的机械传动系统，它包括伺服电动机、齿轮传动机构和蜗杆传动机构、工作平台三个主要部分。电动机可以看作是一个线性系统，工作平台可以看作是另一个线性系统，它们之间夹着一对齿轮传动机构和一对蜗杆传动机构。由于齿轮传动机构和蜗杆传动机构磨损后不可避免地存在间隙，因此，这个系统可以看作是间隙三明治系统。

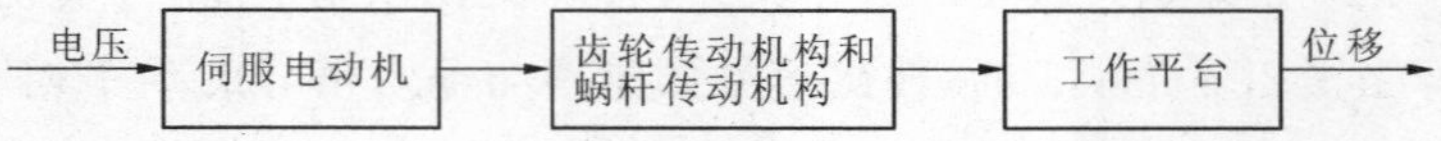

图 1.6　机械传动系统

1.1.6　液压传动系统

图 1.7 所示的是一个液压传动系统。设在该系统中，伺服电动机的输入电压 u(单位为 V)和控制阀的位移 x(单位为 m)以及液压执行器的输出 y(单位为 m)可以直接测量，中间变量 v(死区输出)不能直接测量。当伺服电动机 L_1 的输

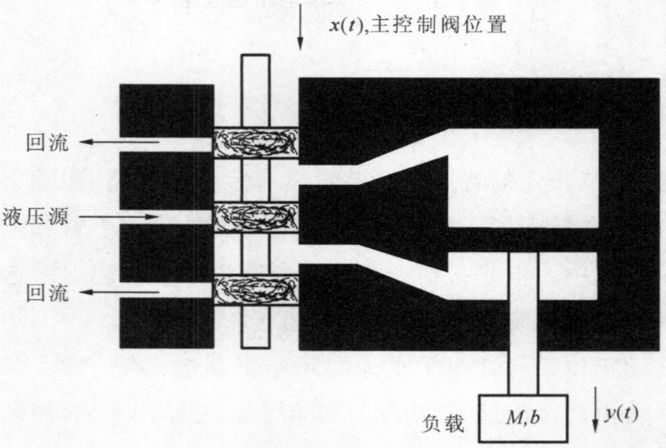

图 1.7　液压传动系统

入和输出分别为电压和线性位移时，伺服电动机可以看作是一个二阶的动态线性子系统。L_2 是由控制阀控制的液压执行器，可以认为是一个二阶动态线性子系统。因此，液压传动系统两端是两个二阶线性环节。液压控制阀由于中间区域的重叠有典型的死区特性，因此液压传动系统可以看作是一个死区三明治系统，如图 1.8 所示。另外，液压控制阀在换向的时候存在油隙，因此，中间环节也可以看作是一个具有间隙特性的环节。因此，液压传动系统也可以看作是一个间隙三明治系统，如图 1.9 所示。

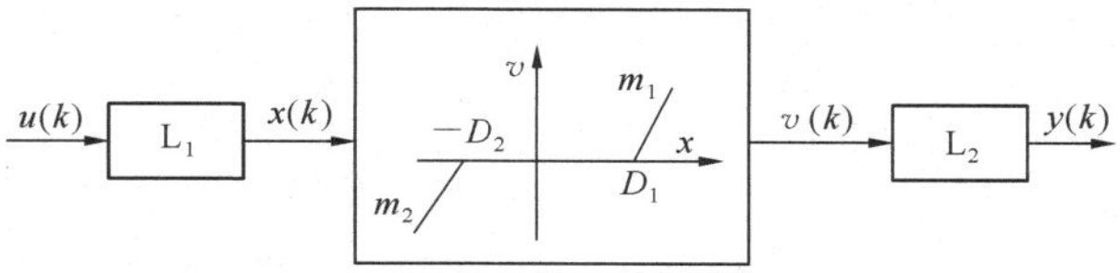

图 1.8　死区三明治系统模型

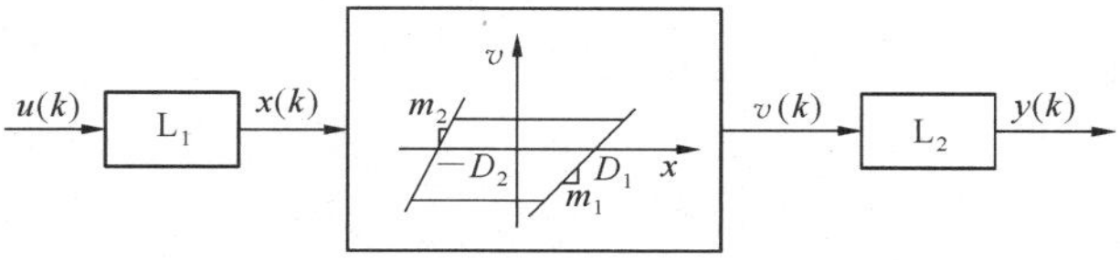

图 1.9　间隙三明治系统模型

1.2　研究现状

1.2.1　非鲁棒状态估计观测器研究

不考虑模型不确定性和干扰情况下，在特殊系统观测器设计方面，D. J. Luenberger早在 1971 年就提出了采用观测器方法对线性系统的状态变量进行估计，后人称其构造的观测器为 Luenberger 观测器[7]。文献[8]针对有延迟的线性离散时间系统构建观测器进行状态估计，并用 Lyapunov 方法证明观测器的稳定性。文献[9]针对具有不确定性的线性系统构建观测器，并给出了观测器的收敛定理，通过求解矩阵不等式组的方法获得观测器的反馈矩阵，仿真说明了方法的有效性。文献[10]针对多输入多输出连续可导的非线性离散时间系统构建降维观测器，并证明其稳定性，三个仿真案例说明观测器的实用性。

文献[11]针对由实验方法获得的非光滑非连续系统构建观测器，实际上是采用分段线性观测器（切换观测器）去跟踪系统在不同工作状态下的状态变量，并以矩阵不等式组的形式给出了观测器收敛条件，并通过两个带有非光滑非连续特性系统的案例说明了观测器的有效性。文献[12,13]针对线性切换系统，在假设系统切换条件已知的情况下，给出了切换系统的观测器构建方法，采用共用 Lyapunov 函数的方法给出了切换观测器的收敛条件，并以仿真案例说明了方法的有效性。由于该文献假设切换条件是已知的，所以避免了由于观测器切换不当而造成误差的可能。文献[14]针对线性切换系统，在假设切换条件未知的情况下，切换系统的观测器构建方法，此时，由于切换条件是未知的，所以存在由于观测器切换错误造成误差的可能。

文献[15]针对线性连续时间的切换系统构建观测器，分析了观测器切换信号与系统工作区间匹配和不匹配时的观测器收敛情况，并且指出，在切换信号与工作区间匹配时，观测器误差是渐近收敛到零的，而不匹配时，观测器的估计误差是有界的。文献[16]假设在观测器的工作区间不一定与系统工作区间匹配的情况下，对离散时间切换系统构造了切换观测器，并给出了观测器收敛定理，指出观测器反馈矩阵满足特定条件时，观测器误差是有上界的，且该误差上界与状态变量的上界有关。文献[17]构造了一种自适应观测器，并用它对具有不确定因素的非线性系统的延时系统的状态变量进行估计。文献[18]利用求矩阵不等式组的方法构造切换观测器对包含不确定性因素的系统状态进行估计，并将该方法用于迟滞的 Wiener 模型描述的机械系统状态估计中。

文献[19]针对死区 Hammerstein 系统构造了一种高增益观测器，同时对死区参数和状态变量进行估计。文献[20]利用两层神经网络构造观测器，对复杂非线性系统的状态进行估计。文献[21]针对汽车变速器的扭矩传递系统构建观测器，对其状态进行估计，该系统被认为是一个复杂的切换系统。近年来，针对特定系统构建特定观测器已经成为一个研究热点。例如，文献[22]针对一类特殊的 Port-Hamiltonian 系统构建观测器进行状态估计，文献[23]构造一种特殊的 Dead-Beat（无差拍）观测器对非线性系统进行状态估计。以上研究都是在不考虑干扰和模型不确定情况下，针对特定系统开展观测器设计研究，在这些研究中都假设系统是完全能观的，而非光滑三明治系统在某工作区间不完全能观。因此，在对非光滑三明治系统进行状态估计观测器设计时，必须要考虑系统不完全能观的问题。

1.2.2　鲁棒状态估计观测器研究

在鲁棒状态估计观测器设计方面，文献[24]采用未知输入观测器对满足

Lipschitz条件的非线性系统进行状态估计，但是该方法对观测器有很多限制条件，比如要求可测输出的维数大于干扰维数，对于干扰较多而可测输出较少的三明治系统不适用。文献[25]采用 Kalman 滤波器对包括模型不确定性和噪声的线性系统进行状态估计，该方法对噪声的统计特性有要求，并且该方法的模型与控制理论中的输入输出状态空间模型不一致，所以该方法一般用于没有外输入 $u(k)$ 的数字信号处理模型。文献[26]采用鲁棒观测器方法对干扰到状态误差的传递函数的范数进行优化，得到了最优的状态估计值，但该方法的应用对象是线性系统。

文献[27]采用动态观测器在整个频域内对干扰到状态的传递函数矩阵的范数进行最小化设计。对于一类特殊的抛物偏微分系统，文献[28]构建了鲁棒自适应神经网络观测器对其进行状态估计。文献[29]构建了一种带有随机弹性项的特殊鲁棒观测器，并用它对带有干扰的非线性离散时间系统进行状态估计。在这些鲁棒状态观测器研究中所考虑的“干扰”包括模型误差、外干扰和噪声，但不包括由于工作区间估计错误造成的观测器切换误差，而非光滑三明治系统观测器却存在切换误差。因此，针对非光滑三明治系统设计鲁棒状态估计观测器时，应扩展“干扰”的概念，将切换误差作为一类“广义干扰”考虑进来。

1.2.3 鲁棒故障预报观测器研究

在鲁棒故障预报观测器设计方面，文献[30]中首先针对一类有时间延迟的线性系统进行执行器故障预报，其次，将该方法延伸到非线性系统的执行器故障中，仿真结果得到了预期的效果。文献[31]对一类非线性系统构建鲁棒观测器进行故障预报，给出了观测器的收敛定理，针对攻击机模型进行了仿真，结果符合预期效果。文献[32]对线性时变系统进行了故障诊断，构建了一种新的自适应观测器对故障进行估计，通过对热交换器系统的故障估计来说明该方法的有效性。

文献[33,34]对非线性离散时间系统进行故障诊断，通过构造非线性观测器跟踪系统的各个状态变量，利用残差信息和故障更新公式得到了执行器故障的正确估计值。文献中也考虑了模型不确定性的影响，采用神经网络的方法对模型不确定值进行估计，在故障报警阈值设定时用到了相关的模型估计不确定值，文献也对观测器的稳定性进行了严格的证明，实际机器手案例也说明了方法的有效性。文献[35]采用 H_2/H_∞ 的方法对时不变离散系统进行鲁棒故障预报，通过生成鲁棒残差来实现较准确的故障预报。文献[36]采用 H_-/H_∞ 的方法进行故障预报，其方法是最小化干扰到残差的传递函数的范数。文献[37]采用零点配置的 H_2/H_∞ 鲁棒观测器实现系统鲁棒故障预报，其思想是在动态观测器反馈环节增加与干扰频率相同的极点，从而使得干扰到残差的前向通道增加零点来抑制干扰对残差的影响，同时通过优化方法使得故障对残差敏感。文献[38—40]假设干扰频率带宽有限，采用最小化干扰到残差的传递函数的方法对气涡轮机系统进行鲁棒故障预报。

文献[41]针对满足 Lipschitz 条件的非线性不确定系统，利用全维和降维观测器进行故障诊断。基于鲁棒观测器的切换系统和混杂系统故障诊断研究近年来也越来越受到关注，文献[42—44]都是关于这类系统的基于鲁棒观测器的故障诊断研究。其中文献[42]主要是针对线性切换系统，文献[43,44]是针对非线性系统的，但是非线性环节满足全局 Lipschitz 条件。文献[45,46]针对基于 Petri-net建模的系统，构建观测器进行故障诊断和容错控制。文献[47—49]研究了基于滑动鲁棒观测器的仿射非线性系统和其他系统的执行器故障诊断，并将该方法应用到实验室的三维起重设备、垂直三缸系统和电动机系统的故障诊断中。同鲁棒状态估计观测器类似，在过去的鲁棒故障预报观测器研究中也没有考虑非光滑三明治系统特有的切换误差的影响。

1.3 研究意义

由于非光滑三明治系统中的非线性环节的输入 x 和输出 v（见图 1.1）往往不能直接测量，非光滑非线性环节的导函数不连续，甚至非线性非光滑环节本身都不连续，而间隙和迟滞等更是具有多值映射性特性，再加上该类系统在某些工作区间是不完全能观的，而以往文献提出的观测器设计方法都是基于系统完全能观的假设条件下，因此，过去提出的系统状态估计方法对非光滑非线性的系统都不再适用。所以，相对于过去文献中提及的非线性系统而言，非光滑三明治系统的状态估计和故障预报更复杂，更具有挑战性。

本书针对实际工程中广泛存在的非光滑三明治系统，采用关键项分离原则和切换函数，提出一种描述该系统的非光滑状态空间模型，进而构建包含自动切换项的非光滑观测器并分析非光滑观测器的收敛性。同时，在考虑广义干扰的情况下，分别设计非光滑三明治系统的鲁棒状态估计观测器和鲁棒故障预报观测器，以实现准确的状态估计和故障预报。本研究将拓展复杂系统状态观测器理论，解决非光滑三明治系统状态变量的准确状态估计和非光滑三明治系统故障准确预报问题，本研究工作具有较高的科学理论意义与实际应用前景。

1.4　主要内容和安排

为了说明整个研究体系，图 1.10 给出了本书的总体研究框架。根据总体研究框架，本书分为 8 章进行写作。

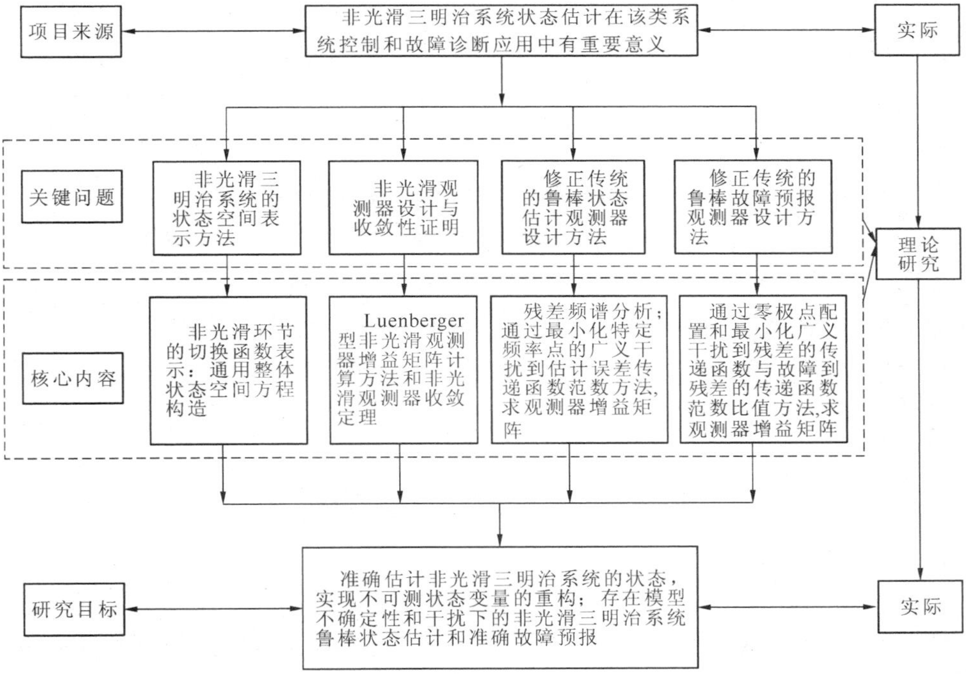

图 1.10　本书总体研究框架

第 2 章 非光滑三明治系统的描述方法

2.1 引 言

非光滑三明治系统是一类特殊的系统，与过去的线性系统和光滑非线性系统不同，因此，过去用来描述线性系统和光滑非线性系统的状态空间方程不再适用于这类系统。为此，以死区非光滑三明治系统开始，由分离原则，利用切换函数，本章分别给出了死区、间隙和迟滞非光滑三明治系统的状态空间方程。该非光滑状态空间方程的提出是构建非光滑状态观测器的基础。

2.2 死区三明治系统模型

与间隙和迟滞比较，死区是一种相对简单的非线性非光滑特性，死区环节的输出只与死区环节前的输入状态有关，而与过去的输入和输出无关。如第 1 章介绍的那样，它广泛存在于电路系统、通信系统和机电系统中，并且往往夹在两个线性环节的中间，构成死区的三明治系统[50-52]。死区三明治系统状态空间模型的构建将为间隙和迟滞三明治系统状态空间方程的构建提供参考基础。

设所研究的死区三明治系统结构如图 1.8 所示，其中 u 和 y 分别为系统的输入和输出，L_1 为前端线性子系统，L_2 则为后端线性子系统，x 和 v 为不可测的中间变量，D_1 和 D_2 为死区宽度（$0<D_1<\infty$和 $0<D_2<\infty$），m_1 和 m_2 为线性区斜率（$0<m_1<\infty$和 $0<m_2<\infty$）。

本节介绍描述死区三明治系统的模型，为了便于构造状态观测器，本章在文献[51,53]所提出的一种描述死区三明治系统的输入/输出参数模型的基础上，构造相应的关于该系统的状态空间模型。

2.2.1　死区三明治系统线性部分的模型

设系统的前端线性子系统 L_1 的离散时间状态方程可表示为

$$\boldsymbol{x}_1(k+1)=\boldsymbol{A}_{11}\boldsymbol{x}_1(k)+\boldsymbol{B}_{11}u(k) \tag{2-1}$$

$$\boldsymbol{y}_1(k)=\boldsymbol{C}_1\boldsymbol{x}_1(k) \tag{2-2}$$

后端线性子系统 L_2 的离散时间状态方程为

$$\boldsymbol{x}_2(k+1)=\boldsymbol{A}_{22}\boldsymbol{x}_2(k)+\boldsymbol{B}_{22}v(k) \tag{2-3}$$

$$\boldsymbol{y}_2(k)=\boldsymbol{C}_2\boldsymbol{x}_2(k) \tag{2-4}$$

其中：$\boldsymbol{x}_i\in\mathbf{R}^{n_i\times 1}$，$\boldsymbol{A}_{ii}\in\mathbf{R}^{n_i\times n_i}$，$\boldsymbol{B}_{ii}\in\mathbf{R}^{n_i\times 1}$，$\boldsymbol{y}_i\in\mathbf{R}^{1\times 1}$，$\boldsymbol{C}_i\in\mathbf{R}^{1\times n_i}$，$u\in\mathbf{R}^{1\times 1}$，$v\in\mathbf{R}^{1\times 1}$，$i=1,2$。

x_{1i}表示 L_1 环节的第 i 个状态变量，x_{2i}表示 L_2 环节的第 i 个状态变量。$\boldsymbol{A}_{ii}\in\mathbf{R}^{n_i\times n_i}$为转移矩阵，$\boldsymbol{B}_{ii}\in\mathbf{R}^{n_i\times 1}$表示输入矩阵，$\boldsymbol{y}_i\in\mathbf{R}^{1\times 1}$为输出，$n_i$ 表示第 i 个线性环节的状态变量的维数，$u\in\mathbf{R}^{1\times 1}$为输入，$v\in\mathbf{R}^{1\times 1}$为死区环节的输出变量。为了不失一般性，建模时约定，对于 L_1 来说，令 $x_{1n_1}(k)=x(k)$，对于 L_2 来说，令 $x_{2n_2}(k)=y(k)$。注意：只有 $u(k)$和 $y(k)$可测。

2.2.2　三明治系统死区部分的模型

根据文献[51,53]可以得到如下死区模型。

定义强制中间变量 $m(k)$和 $v_1(k)$如下所示

$$m(k)=m_1+(m_2-m_1)h(k) \tag{2-5}$$

$$v_1(k)=m(k)(x(k)-D_1h_1(k)+D_2h_2(k)) \tag{2-6}$$

其中 $h(k)=\begin{cases}1,x(k)>0\\0,\text{其他}\end{cases}$，$h_1(k)=\begin{cases}1,x(k)>D_1\\0,\text{其他}\end{cases}$，$h_2(k)=\begin{cases}1,x(k)<-D_2\\0,\text{其他}\end{cases}$

是切换函数，用于判断工作区间和在不同工作区间之间的切换。根据死区的输出特性可以得到

$$v(k)=v_1(k)-h_3(k)v_1(k)=(1-h_3(k))v_1(k) \tag{2-7}$$

其中

$$h_3(k)=\begin{cases}1,h_1(k)+h_2(k)=0\\0,h_1(k)+h_2(k)=1\end{cases}$$

为切换函数，负责死区线性区和死区之间的切换。从式(2-7)可以看出，当 $h_3(k)=0$ 时，系统工作在线性区，$v(k)=v_1(k)$，当 $h_3(k)=1$ 时，系统工作在死区(零输出区)，$v(k)=v_1(k)-v_1(k)=0$。将式(2-6)代入式(2-7)得

$$\begin{aligned}v(k)&=(1-h_3(k))v_1(k)\\&=(1-h_3(k))m(k)(x(k)-D_1h_1(k)+D_2h_2(k))\\&=(1-h_3(k))m(k)x(k)-(1-h_3(k))m(k)D_1h_1(k)\\&\quad+(1-h_3(k))m(k)D_2h_2(k)\end{aligned} \tag{2-8}$$

根据前面的约定有

$$x(k) = x_{1n_1}(k) \tag{2-9}$$

将式(2-8)、式(2-9)代入式(2-3)得

$$\begin{aligned}\boldsymbol{x}_2(k+1) &= \boldsymbol{A}_{22}\boldsymbol{x}_2(k+1)+\boldsymbol{B}_{22}v(k)\\ &= \boldsymbol{A}_{22}\boldsymbol{x}_2(k+1)+\boldsymbol{B}_{22}[(1-h_3(k))m(k)x_{1n_1}(k)\\ &\quad -(1-h_3(k))m(k)D_1h_1(k)+(1-h_3(k))m(k)D_2h_2(k)]\end{aligned} \tag{2-10}$$

2.2.3 死区三明治系统的整体状态空间方程

由式(2-1)和式(2-10),得

$$\begin{cases}\begin{bmatrix}\boldsymbol{x}_1(k+1)\\ \boldsymbol{x}_2(k+1)\end{bmatrix} = \begin{bmatrix}\boldsymbol{A}_{11} & \boldsymbol{0}\\ \boldsymbol{A}_{21i} & \boldsymbol{A}_{22}\end{bmatrix}\begin{bmatrix}\boldsymbol{x}_1(k)\\ \boldsymbol{x}_2(k)\end{bmatrix} + \begin{bmatrix}\boldsymbol{B}_{11}\\ \boldsymbol{0}\end{bmatrix}u(k) + \begin{bmatrix}\boldsymbol{0}\\ \boldsymbol{\theta}_{22i}\end{bmatrix}\\ \boldsymbol{y}(k) = \boldsymbol{C}\boldsymbol{x}(k)\end{cases} \tag{2-11}$$

系统分为三个工作区,分别称 1 区、2 区、3 区,具体分区如下。

$$i = \begin{cases}1, & x_{1n_1}(k) > D_1\\ 2, & -D_2 \leqslant x_{1n_1}(k) \leqslant D_1\\ 3, & x_{1n_1}(k) < -D_2\end{cases}$$

其中

$$\boldsymbol{A}_{21i} = [\boldsymbol{\beta}_1 \quad \boldsymbol{\beta}_{2i}], \quad \boldsymbol{\beta}_1 = \boldsymbol{0} \in \mathbf{R}^{n_2\times(n_2-1)}$$

$$\boldsymbol{\beta}_{2i} = \begin{cases}\boldsymbol{B}_{22}m_1, & i=1\\ \boldsymbol{0}, & i=2, \quad \boldsymbol{\beta}_{2i} \in \mathbf{R}^{n_2\times 1},\\ \boldsymbol{B}_{22}m_2, & i=3\end{cases}$$

$$\boldsymbol{\theta}_{22i} = \begin{cases}-\boldsymbol{B}_{22}m_1D_1, & i=1\\ \boldsymbol{0}, & i=2, \quad \boldsymbol{\theta}_{22i} \in \mathbf{R}^{n_2\times 1}\\ \boldsymbol{B}_{22}m_2D_2, & i=3\end{cases}$$

根据假设可知,图 1.8 所示的死区三明治系统只有其输出 $y(k)$ 可测,所以有

$$\boldsymbol{C} = [0 \quad 0 \quad \cdots \quad 0 \quad 1] \in \mathbf{R}^{1\times(n_1+n_2)} \tag{2-12}$$

为了证明和推导方便,将输出矩阵 $\boldsymbol{C}$ 写成矩阵分块形式。根据式(2-12)可得如下矩阵分块形式

$$\boldsymbol{C} = [\boldsymbol{C}_{11} \quad \boldsymbol{C}_{22}] \tag{2-13}$$

其中 $\boldsymbol{C}_{11} = \boldsymbol{0} \in \mathbf{R}^{1\times n_1}$, $\boldsymbol{C}_{22} = [0 \quad \cdots \quad 0 \quad 1] \in \mathbf{R}^{1\times n_2}$

$$\boldsymbol{x}(k) = \begin{bmatrix}\boldsymbol{x}_1(k)\\ \boldsymbol{x}_2(k)\end{bmatrix} \in \mathbf{R}^{(n_1+n_2)\times 1}$$

式(2-11)中的 $\mathbf{0}$ 表示具有相应阶数的零矩阵。

若令 $\boldsymbol{A}_i=\begin{bmatrix}\boldsymbol{A}_{11} & \mathbf{0}\\ \boldsymbol{A}_{21i} & \boldsymbol{A}_{22}\end{bmatrix}$，$\boldsymbol{B}=\begin{bmatrix}\boldsymbol{B}_{11}\\ \mathbf{0}\end{bmatrix}$，$\boldsymbol{\eta}_i=\begin{bmatrix}\mathbf{0}\\ \boldsymbol{\theta}_{22i}\end{bmatrix}$　$(i=1,2,3)$

则式(2-11)可写成分段矩阵形式，即

$$\boldsymbol{x}(k+1)=\boldsymbol{A}_i\boldsymbol{x}(k)+\boldsymbol{B}u(k)+\boldsymbol{\eta}_i\quad(i=1,2,3)\tag{2-14}$$

$\boldsymbol{A}_i$ 表示不同工作区间的转移矩阵，$\boldsymbol{B}$ 是输入矩阵，$\boldsymbol{\eta}_i$ 向量是由于死区存在而产生的切换向量。

2.3　间隙三明治系统模型

间隙广泛存在于电路系统、通信系统和机电系统中，并且往往夹在两个线性环节的中间，构成间隙三明治系统[54]。与死区相比，间隙除包括线性上升区和线性下降区外，还增加了两个记忆区。实际上，间隙特性可以看作是死区特性的积分，反之，间隙特性的微分就是死区特性。间隙与死区不同，它的输出不仅与当前的间隙的输入有关，还与前一个时刻的间隙输入和输出有关，因此，间隙比死区复杂。同时，间隙又可以看作是一种特殊的迟滞，即单环迟滞特性。因此，构建间隙非光滑状态空间方程是构建迟滞非光滑状态方程的基础。

设所研究的间隙三明治系统结构如图 1.9 所示，其中 u 和 y 分别为系统的输入和输出，L_1 为前端线性子系统，L_2 则为后端线性子系统，x 和 v 为不可测的中间变量，D_1 和 D_2 为间隙宽度($0<D_1<\infty$和 $0<D_2<\infty$)，m_1 和 m_2 为线性区斜率($0<m_1<\infty$和 $0<m_2<\infty$)。

本节将介绍描述间隙三明治系统的模型，为了便于构造状态观测器，本节在文献[56]所提出的一种描述间隙三明治系统的输入/输出参数模型的基础上，构造相应的关于该系统的状态空间模型。

2.3.1　间隙三明治系统线性部分的模型

设系统的前端线性子系统 L_1 的离散时间状态方程可表示为

$$\boldsymbol{x}_1(k+1)=\boldsymbol{A}_{11}\boldsymbol{x}_1(k)+\boldsymbol{B}_{11}u(k)\tag{2-15}$$

$$\boldsymbol{y}_1(k)=\boldsymbol{C}_1\boldsymbol{x}_1(k)\tag{2-16}$$

而系统的后端线性子系统 L_2 的离散时间状态方程为

$$\boldsymbol{x}_2(k+1)=\boldsymbol{A}_{22}\boldsymbol{x}_2(k)+\boldsymbol{B}_{22}v(k)\tag{2-17}$$

$$\boldsymbol{y}_2(k)=\boldsymbol{C}_2\boldsymbol{x}_2(k)\tag{2-18}$$

其中：$\boldsymbol{x}_i \in \mathbf{R}^{n_i \times 1}$，$\boldsymbol{A}_{ii} \in \mathbf{R}^{n_i \times n_i}$，$\boldsymbol{B}_{ii} \in \mathbf{R}^{n_i \times 1}$，$\boldsymbol{y}_i \in \mathbf{R}^{1\times 1}$，$\boldsymbol{C}_i \in \mathbf{R}^{1\times n_i}$，$u \in \mathbf{R}^{1\times 1}$，$v \in \mathbf{R}^{1\times 1}$，$i=1,2$。

x_{1i}表示 L_1 环节的第 i 个状态变量，x_{2i}表示 L_2 环节的第 i 个状态变量。$\boldsymbol{A}_{ii} \in \mathbf{R}^{n_i \times n_i}$为转移矩阵，$\boldsymbol{B}_{ii} \in \mathbf{R}^{n_i \times 1}$表示输入矩阵，$\boldsymbol{y}_i \in \mathbf{R}^{1\times 1}$为输出，$n_i$ 表示第 i 个线性环节的状态变量的维数，$u \in \mathbf{R}^{1\times 1}$为输入，$v \in \mathbf{R}^{1\times 1}$为间隙环节的输出变量。为了不失一般性，建模时约定，对于 L_1 来说，令 $x_{1n_1}(k)=x(k)$，对于 L_2 来说，令 $x_{2n_2}(k)=y(k)$。注意：只有 $u(k)$和 $y(k)$可测。

2.3.2　三明治系统间隙部分的模型

根据文献[53,55,56]可以得到如下间隙模型。

$x(k)$：间隙环节的输入。

$v(k)$：间隙环节的输出。

定义间隙的强制的中间变量 $m(k)$为

$$m(k) = m_1 + (m_2 - m_1)p(k) \tag{2-19}$$

其中：$\Delta x(k)=x(k)-x(k-1)$，$p(k)$为引入的切换函数，其定义为

$$p(k) = \begin{cases} 0, & \Delta x \geqslant 0 \\ 1, & \Delta x < 0 \end{cases} \tag{2-20}$$

根据间隙的输入/输出关系，定义中间变量 $v_1(k)$为

$$v_1(k) = m(k)(x(k) - D_1 g_1(k) + D_2 g_2(k)) \tag{2-21}$$

其中

$$g_1(k) = \begin{cases} 1, & x(k) > \dfrac{v(k-1)}{m_1} + D_1, \Delta x(k) > 0 \\ 0, & \text{其他} \end{cases}$$

$$g_2(k) = \begin{cases} 1, & x(k) < \dfrac{v(k-1)}{m_2} - D_2, \Delta x(k) < 0 \\ 0, & \text{其他} \end{cases}$$

为切换函数。

根据间隙的输入/输出关系，可得

$$\begin{aligned} v(k) &= v_1(k) + [v(k-1) - v_1(k)]g_3(k) \\ &= (1 - g_3(k))v_1(k) + g_3(k)v(k-1) \end{aligned} \tag{2-22}$$

其中

$$g_3(k) = \begin{cases} 1, & g_1(k) + g_2(k) = 0 \\ 0, & g_1(k) + g_2(k) = 1 \end{cases}$$

为切换函数，负责间隙线性区和记忆区之间的切换。从式(2-22)可以看出，当

$g_3(k)=1$ 时，系统工作在记忆区，$v(k)=v(k-1)$，当 $g_3(k)=0$ 时，系统工作在线性区，$v(k)=v_1(k)$。

将式(2-21)代入式(2-22)有

$$
\begin{aligned}
v(k)&=(1-g_3(k))v_1(k)+g_3(k)v(k-1)\\
&=(1-g_3(k))(m(k)x(k)-m(k)D_1g_1(k)+m(k)D_2g_2(k))\\
&\quad+g_3(k)v(k-1)
\end{aligned}
\tag{2-23}
$$

根据前面的约定有

$$x(k)=x_{1n_1}(k)$$

若将式(2-23)代入式(2-17)，则有

$$
\begin{aligned}
\boldsymbol{x}_2(k+1)&=\boldsymbol{A}_{22}\boldsymbol{x}_2(k)+\boldsymbol{B}_{22}v(k)=\boldsymbol{A}_{22}\boldsymbol{x}_2(k)+\boldsymbol{B}_{22}[(1-g_3(k))m(k)x_{1n_1}(k)\\
&\quad-(1-g_3(k))m(k)D_1g_1(k)+(1-g_3(k))m(k)D_2g_2(k))]\\
&\quad+\boldsymbol{B}_{22}g_3(k)v(k-1)
\end{aligned}
\tag{2-24}
$$

2.3.3　间隙三明治系统的整体状态空间方程

由式(2-15)、式(2-16)、式(2-17)、式(2-18)和式(2-24)可得

$$
\begin{cases}
\begin{bmatrix}\boldsymbol{x}_1(k+1)\\ \boldsymbol{x}_2(k+1)\end{bmatrix}=\begin{bmatrix}\boldsymbol{A}_{11} & \boldsymbol{0}\\ \boldsymbol{A}_{21i} & \boldsymbol{A}_{22}\end{bmatrix}\begin{bmatrix}\boldsymbol{x}_1(k)\\ \boldsymbol{x}_2(k)\end{bmatrix}+\begin{bmatrix}\boldsymbol{B}_{11}\\ \boldsymbol{0}\end{bmatrix}u(k)+\begin{bmatrix}\boldsymbol{0}\\ \boldsymbol{\theta}_{22i}\end{bmatrix}\\
\boldsymbol{y}(k)=\boldsymbol{C}\boldsymbol{x}(k)
\end{cases}
\tag{2-25}
$$

系统分为三个工作区，分别称 1 区、2 区、3 区，具体分区如下

$$
i=\begin{cases}
1, & x_{1n_1}(k)>\dfrac{v(k-1)}{m_1}+D_1, \Delta x_{1n_1}(k)>0\\
2, & \text{其他}\\
3, & x_{1n_1}(k)<\dfrac{v(k-1)}{m_2}-D_2, \Delta x_{1n_1}(k)<0
\end{cases}
$$

其中

$$\boldsymbol{A}_{21i}=[\boldsymbol{\beta}_1\quad \boldsymbol{\beta}_{2i}],\quad \boldsymbol{\beta}_1=\boldsymbol{0}\in\mathbf{R}^{n_2\times(n_2-1)}$$

$$
\boldsymbol{\beta}_{2i}=\begin{cases}
\boldsymbol{B}_{22}m_1, & i=1\\
\boldsymbol{0}, & i=2,\quad \boldsymbol{\beta}_{2i}\in\mathbf{R}^{n_2\times 1}\\
\boldsymbol{B}_{22}m_2, & i=3
\end{cases}
$$

$$
\boldsymbol{\theta}_{22i}=\begin{cases}
-\boldsymbol{B}_{22}m_1D_1, & i=1\\
\boldsymbol{B}_{22}v(k-1), & i=2,\quad \boldsymbol{\theta}_{22i}\in\mathbf{R}^{n_2\times 1}\\
\boldsymbol{B}_{22}m_2D_2, & i=3
\end{cases}
$$

根据 2.1 节中的假设可知，如图 1.9 所示的间隙三明治系统只有其输出 $y(k)$ 可测，所以有

$$\boldsymbol{C}=[0 \quad 0 \quad \cdots \quad 0 \quad 1] \in \mathbf{R}^{1\times(n_1+n_2)} \tag{2-26}$$

为了证明和推导方便，将输出矩阵 $\boldsymbol{C}$ 写成矩阵分块形式。根据式(2-26)可得如下矩阵分块形式

$$\boldsymbol{C}=[\boldsymbol{C}_{11} \quad \boldsymbol{C}_{22}] \tag{2-27}$$

其中　$\boldsymbol{C}_{11}=\mathbf{0}\in\mathbf{R}^{1\times n_1}$，$\boldsymbol{C}_{22}=[0 \quad \cdots \quad 0 \quad 1]\in\mathbf{R}^{1\times n_2}$

$$\boldsymbol{x}(k)=\begin{bmatrix}\boldsymbol{x}_1(k)\\ \boldsymbol{x}_2(k)\end{bmatrix}\in\mathbf{R}^{(n_1+n_2)\times 1}$$

式(2-25)中的 $\mathbf{0}$ 表示具有相应阶数的零矩阵。

若令

$$\boldsymbol{A}_i=\begin{bmatrix}\boldsymbol{A}_{11} & \mathbf{0}\\ \boldsymbol{A}_{21i} & \boldsymbol{A}_{22}\end{bmatrix},\quad \boldsymbol{B}=\begin{bmatrix}\boldsymbol{B}_{11}\\ \mathbf{0}\end{bmatrix},\quad \boldsymbol{\eta}_i=\begin{bmatrix}\mathbf{0}\\ \boldsymbol{\theta}_{22i}\end{bmatrix}\quad (i=1,2,3)$$

则式(2-25)可写成分段矩阵形式，如式(2-28)所示

$$\boldsymbol{x}(k+1)=\boldsymbol{A}_i\boldsymbol{x}(k)+\boldsymbol{B}u(k)+\boldsymbol{\eta}_i \quad (i=1,2,3) \tag{2-28}$$

$\boldsymbol{A}_i$ 表示不同工作区间的转移矩阵，$\boldsymbol{B}$ 是输入矩阵，$\boldsymbol{\eta}_i$ 向量是由于间隙存在而产生的切换向量。

2.4　迟滞三明治系统模型

如第 1 章中介绍的那样，迟滞三明治系统广泛存在于各种数字通信、电路系统和机电系统中[57,58]。与死区和间隙相比较，迟滞是最复杂的非光滑非线性特性。死区和间隙环节可以划分为几个明确的区间，例如线性上升区、线性下降区和记忆区，而迟滞特性不可能划分为这样的区间，因此更复杂。但是，间隙和迟滞有着紧密的联系，间隙可以看作是一种单环迟滞，迟滞也可以看作是多个间隙环节的线性加权叠加[50,53]。因此，本节正是利用了这种关系在间隙三明治非光滑状态空间模型的基础上推出迟滞三明治系统的非光滑状态空间方程。

设所研究的迟滞三明治系统结构如图 2.1 所示，其中 u 和 y 分别为系统的输入和输出，L_1 为前端线性子系统，L_2 则为后端线性子系统，x 和 v 为不可测的中间变量。

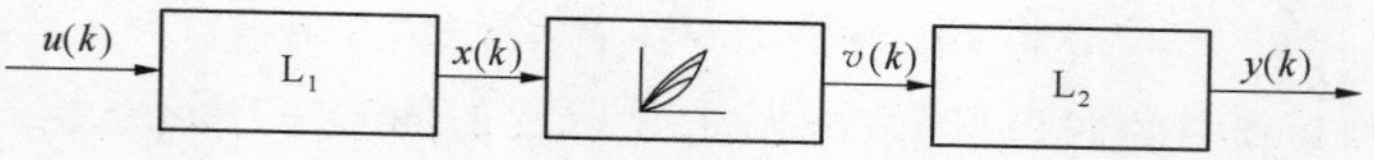

图 2.1　迟滞三明治系统结构

2.4.1 迟滞三明治系统线性部分的模型

设系统的前端线性子系统 L_1 的离散时间状态方程可表示为

$$\boldsymbol{x}_1(k+1)=\boldsymbol{A}_{11}\boldsymbol{x}_1(k)+\boldsymbol{B}_{11}u(k) \tag{2-29}$$

$$\boldsymbol{y}_1(k)=\boldsymbol{C}_1\boldsymbol{x}_1(k) \tag{2-30}$$

而系统的后端线性子系统 L_2 的离散时间状态方程为

$$\boldsymbol{x}_2(k+1)=\boldsymbol{A}_{22}\boldsymbol{x}_2(k)+\boldsymbol{B}_{22}v(k) \tag{2-31}$$

$$\boldsymbol{y}_2(k)=\boldsymbol{C}_2\boldsymbol{x}_2(k) \tag{2-32}$$

其中：$\boldsymbol{x}_i\in\mathbf{R}^{n_i\times 1}$，$\boldsymbol{A}_{ii}\in\mathbf{R}^{n_i\times n_i}$，$\boldsymbol{B}_{ii}\in\mathbf{R}^{n_i\times 1}$，$\boldsymbol{y}_i\in\mathbf{R}^{1\times 1}$，$\boldsymbol{C}_i\in\mathbf{R}^{1\times n_i}$，$u\in\mathbf{R}^{1\times 1}$，$v\in\mathbf{R}^{1\times 1}$，$i=1,2$；$x_{1i}$表示 L_1 环节的第 i 个状态变量，x_{2i}表示 L_2 环节的第 i 个状态变量。$\boldsymbol{A}_{ii}\in\mathbf{R}^{n_i\times n_i}$为转移矩阵，$\boldsymbol{B}_{ii}\in\mathbf{R}^{n_i\times 1}$表示输入矩阵，$\boldsymbol{y}_i\in\mathbf{R}^{1\times 1}$为输出，$n_i$ 表示第 i 个线性环节的状态变量的维数，$u\in\mathbf{R}^{1\times 1}$为输入，$v\in\mathbf{R}^{1\times 1}$为迟滞环节的输出变量。为了不失一般性，建模时约定，对于 L_1 来说，令 $x_{1n_1}(k)=x(k)$，对于 L_2 来说，令 $x_{2n_2}(k)=y(k)$。注意：只有 $u(k)$和 $y(k)$可测。

2.4.2 三明治系统迟滞部分的模型

如图2.2所示，根据文献[59,60,61]中关于迟滞建模方法的论述，一个迟滞环节可以等效为多个间隙环节并联线性叠加。在文献[60]称这种迟滞建模为基于 Backlash 的迟滞模型。在文献[61]称这种迟滞建模为 PI 模型。文献[62]证明 Backlash 算子具有迟滞的特性，文献[63]证明了有限的 Backlash 迟滞算子可以以任意精度对迟滞进行建模。因此，PI 迟滞建模方法对实际迟滞表征是有效和合理的。PI 迟滞模型可表示为

$$\begin{cases} z_i(k)=\mathrm{BL}_i(x(k)), \quad i=1,2,\cdots,n \\ v(k)=\sum_{i=1}^{n}w_i\mathrm{BL}_i(x(k))=\sum_{i=1}^{n}w_iz_i(k) \end{cases} \tag{2-33}$$

其中：$z_i(k)$为第 i 个间隙环节的输出；w_i 为第 i 个间隙环节的权重；$\mathrm{BL}_i(\cdot)$为单个间隙的输入/输出函数；n 为用于构建迟滞模型的间隙的个数。

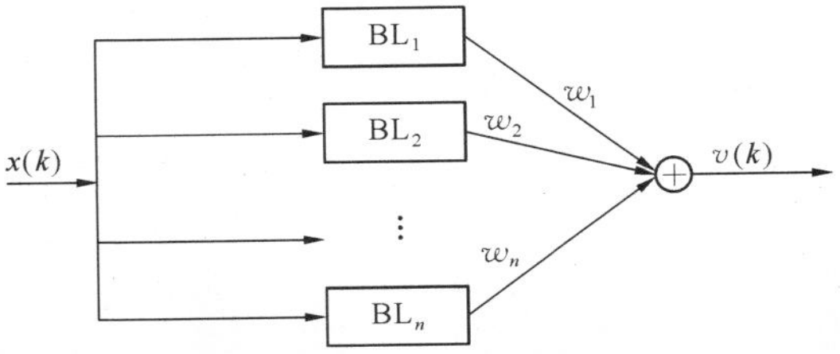

图2.2 迟滞的建模

其中，根据文献[65,64,69]，第 i 个间隙环节的输入/输出特性可以描述为强制中间变量 $m_i(k)$

$$m_i(k) = m_{1i} + (m_{2i} - m_{1i})g(k) \tag{2-34}$$

其中：$\Delta x(k)=x(k)-x(k-1)$，$g(k)$ 为切换函数，$g(k)=\begin{cases}0, & \Delta x\geqslant 0\\ 1, & \Delta x<0\end{cases}$。

根据间隙的输入/输出关系，定义中间变量 $z_{li}(k)$ 为

$$z_{li}(k) = m_i(k)(x(k) - D_{1i}g_{1i}(k) + D_{2i}g_{2i}(k)) \tag{2-35}$$

其中

$$g_{1i}(k) = \begin{cases}1, & x(k) > \dfrac{z_i(k-1)}{m_{1i}} + D_{1i}, \Delta x(k) > 0\\ 0, & \text{其他}\end{cases}$$

$$g_{2i}(k) = \begin{cases}1, & x(k) < \dfrac{z_i(k-1)}{m_{2i}} - D_{2i}, \Delta x(k) < 0\\ 0, & \text{其他}\end{cases}$$

为切换函数，从而有

$$z_i(k) = (1 - g_{3i}(k))z_{li}(k) + g_{3i}(k)z_i(k-1) \tag{2-36}$$

其中

$$g_{3i}(k) = \begin{cases}1, & g_{1i}(k) + g_{2i}(k) = 0\\ 0, & g_{1i}(k) + g_{2i}(k) = 1\end{cases}$$

负责间隙线性区和记忆区之间的切换。从式(2-36)可以看出，当 $g_{3i}(k)=1$ 时，系统工作在记忆区，$z_i(k)=z_i(k-1)$；当 $g_{3i}(k)=0$ 时，系统工作在线性区，$z_i(k)=z_{li}(k)$。将式(2-35)代入式(2-36)，则有

$$\begin{aligned}z_i(k) &= (1-g_{3i}(k))z_{li}(k)+g_{3i}(k)z_i(k-1)\\ &= (1-g_{3i}(k))m_i(k)x(k)-(1-g_{3i}(k))m_i(k)D_{1i}g_{1i}(k)\\ &\quad +(1-g_{3i}(k))m_i(k)D_{2i}g_{2i}(k)+g_{3i}(k)z_i(k-1)\end{aligned} \tag{2-37}$$

若将式(2-37)代入式(2-31)，且考虑 $x(k)=x_{1n_1}(k)$，可得

$$\begin{aligned}\boldsymbol{x}_2(k+1) &= \boldsymbol{A}_{22}\boldsymbol{x}_2(k)+\boldsymbol{B}_{22}v(k)\\ &= \boldsymbol{A}_{22}\boldsymbol{x}_2(k) + \boldsymbol{B}_{22}\sum_{i=1}^{n} w_i(1 - g_{3i}(k))m_i(k)x_{1n_1}(k)\\ &\quad - \boldsymbol{B}_{22}\sum_{i=1}^{n} w_i[(1 - g_{3i}(k))m_i(k)D_{1i}g_{1i}(k)\\ &\quad - (1 - g_{3i}(k))m_i(k)D_{2i}g_{2i}(k) - g_{3i}(k)z_i(k-1)]\end{aligned} \tag{2-38}$$

2.4.3　迟滞三明治系统的整体状态空间方程

由式(2-29)、式(2-30)、式(2-31)、式(2-32)和式(2-38)可以得到

$$\begin{cases}\begin{bmatrix}\boldsymbol{x}_1(k+1)\\\boldsymbol{x}_2(k+1)\end{bmatrix}=\begin{bmatrix}\boldsymbol{A}_{11} & \boldsymbol{0}\\\boldsymbol{A}_{21}(k) & \boldsymbol{A}_{22}\end{bmatrix}\begin{bmatrix}\boldsymbol{x}_1(k)\\\boldsymbol{x}_2(k)\end{bmatrix}+\begin{bmatrix}\boldsymbol{B}_{11}\\\boldsymbol{0}\end{bmatrix}u(k)+\begin{bmatrix}\boldsymbol{0}\\\boldsymbol{\theta}_{22}(k)\end{bmatrix}\\\boldsymbol{y}(k)=\boldsymbol{C}\boldsymbol{x}(k)\end{cases}\tag{2-39}$$

其中

$$\boldsymbol{A}_{21}(k)=[\boldsymbol{\beta}_1\quad\boldsymbol{\beta}_2(k)],\quad\boldsymbol{\beta}_1=\boldsymbol{0}\in\mathbf{R}^{n_2\times(n_2-1)}$$

$$\boldsymbol{\beta}_2(k)=\boldsymbol{B}_{22}\sum_{i=1}^{n}w_i(1-g_{3i}(k))m_i(k)$$

$$\begin{aligned}\boldsymbol{\theta}_{22}(k)=&-\boldsymbol{B}_{22}\sum_{i=1}^{n}w_i[(1-g_{3i}(k))m_i(k)D_{1i}g_{1i}(k)\\&-(1-g_{3i}(k))m_i(k)D_{2i}g_{2i}(k)-g_{3i}(k)z_i(k-1)]\end{aligned}$$

其中 $i=1,2,\cdots,n$，n 表示间隙的个数。如图 2.1 所示的迟滞三明治系统只有其输出 $y(k)$可测，所以有 $\boldsymbol{C}=[0\quad 0\quad \cdots\quad 0\quad 1]\in\mathbf{R}^{1\times(n_1+n_2)}$。

为了后面的证明和子块矩阵运算方便，$\boldsymbol{C}$ 可以写成如下分块矩阵形式。

其中，$\boldsymbol{C}_{11}=[0\quad 0\quad \cdots\quad 0]\in\mathbf{R}^{1\times n_1}$，$\boldsymbol{C}_{22}=[0\quad 0\quad \cdots\quad 1]\in\mathbf{R}^{1\times n_2}$，$\boldsymbol{x}(k)=\begin{bmatrix}\boldsymbol{x}_1(k)\\\boldsymbol{x}_2(k)\end{bmatrix}\in\mathbf{R}^{(n_1+n_2)\times 1}$。式(2-39)中的 $\boldsymbol{0}$ 表示具有相应阶数的零矩阵。

若令

$$\boldsymbol{A}(k)=\begin{bmatrix}\boldsymbol{A}_{11} & \boldsymbol{0}\\\boldsymbol{A}_{21}(k) & \boldsymbol{A}_{22}\end{bmatrix},\quad\boldsymbol{B}=\begin{bmatrix}\boldsymbol{B}_{11}\\\boldsymbol{0}\end{bmatrix},\quad\boldsymbol{\eta}(k)=\begin{bmatrix}\boldsymbol{0}\\\boldsymbol{\theta}_{22}(k)\end{bmatrix}$$

则式(2-39)可写成如下形式

$$\boldsymbol{x}(k+1)=\boldsymbol{A}(k)\boldsymbol{x}(k)+\boldsymbol{B}u(k)+\boldsymbol{\eta}(k)\tag{2-40}$$

$\boldsymbol{A}(k)$表示不同工作区间的转移矩阵，$\boldsymbol{B}$ 是输入矩阵，$\boldsymbol{\eta}(k)$向量是由于迟滞存在而产生的切换向量。

2.5　模型比较分析

相对间隙和迟滞三明治系统来说，死区三明治系统是最简单的。死区的输出特性只与输入的大小有关，是一种静态环节，因此死区非光滑三明治系统的模型在三种模型中是最简单的。间隙与迟滞是密切相关的，在本章采用的迟滞 PI 模型中，迟滞可以看作是多个间隙环节的线性叠加。实际上间隙三明治系统可以看作是一类特殊的迟滞三明治系统。正是因为这个原因，迟滞三明治系统模型在形式上与间隙三明治模型极为类似。

2.6 结　　论

根据非光滑三明治系统的特性，由分离原则，通过引入切换函数和切换项，本章由浅入深分别建立了死区三明治系统、间隙三明治系统和迟滞三明治系统的非光滑状态空间方程，并说明了三者之间的逻辑关系，为接下来构建非光滑观测器提供了基础。

第3章　非光滑三明治系统状态的软测量方法

3.1 引　　言

第2章给出了非光滑三明治系统的非光滑状态空间方程，在此基础上，本章研究如何利用非光滑状态空间方程构建非光滑状态估计观测器以实现对非光滑三明治系统各个状态的既准确又快速的估计，即软测量。本章以死区三明治系统开始，分别构建了死区三明治系统、间隙三明治系统和迟滞三明治系统的非光滑状态估计观测器。最后，仿真和实验都说明：与传统状态观测器比较，非光滑估计观测器具有更为准确和快速的软测量效果。

3.2 死区三明治系统的非光滑状态估计观测器

与间隙和迟滞三明治系统相比，死区三明治系统是相对较为简单的非光滑三明治系统，因为其工作区间只与当前的死区输入值有关，与死区环节过去的输入和输出无关，因此，属于一种静态特性。对死区三明治系统的非光滑状态估计观测器的研究将为后面进一步分析间隙三明治系统和迟滞三明治系统的非光滑状态估计观测器提供参考。

在构建观测器前，一个需要明确的事实是：如果系统只有输入 $u(k)$ 和输出 $y(k)$ 可测，那么该三明治系统只有在线性工作区是满足完全能观条件的，即只有当 $j=1,3$ 时，能观性矩阵 $\boldsymbol{N}=[\boldsymbol{C}\quad \boldsymbol{C}\boldsymbol{A}_j\quad \cdots\quad \boldsymbol{C}\boldsymbol{A}_j^{n_1+n_2-1}]^{\mathrm{T}}$ 的秩等于 n_1+n_2。而在死区，能观性矩阵的秩等于 n_2，即后端的线性子系统 L_2 完全能观，而前端子系统 L_1 不能观。所以，从整个工作区间来看，$\boldsymbol{x}_1$ 子系统是不能观的，$\boldsymbol{x}_2$ 子系统是能观的，故整个死区三明治系统不完全能观。因为传统的线性观测器增益反馈矩阵的求法和利用共用 Lyapunov 方法求解切换系统观测器的增益反馈矩阵的方法都要求系统完全能观，因此，这些方法对非光滑三明治系统都不再适用。

3.2.1 死区非光滑状态估计观测器

根据式(2-14)，构造相应的死区三明治系统的 Luenberger 型观测器，即

$$\begin{cases}\hat{\boldsymbol{x}}(k+1)=\boldsymbol{A}_j\hat{\boldsymbol{x}}(k)+\boldsymbol{B}u(k)+\boldsymbol{\eta}_j+\boldsymbol{K}(\boldsymbol{y}(k)-\hat{\boldsymbol{y}}(k)), \quad (j=1,2,3)\\ \hat{\boldsymbol{y}}(k)=\boldsymbol{C}\hat{\boldsymbol{x}}(k)\end{cases} \tag{3-1}$$

其中

$$j=\begin{cases}1, & \hat{x}_{1n_1}(k)>D_1\\ 2, & -D_2\leqslant\hat{x}_{1n_1}(k)\leqslant D_1\\ 3, & \hat{x}_{1n_1}(k)<-D_2\end{cases}$$

增益矩阵 $\boldsymbol{K}=\begin{bmatrix}\boldsymbol{K}_1\\ \boldsymbol{K}_2\end{bmatrix}, \quad \boldsymbol{K}_1\in\mathbf{R}^{n_1\times1}, \quad \boldsymbol{K}_2\in\mathbf{R}^{n_2\times1}$

3.2.2 死区非光滑状态估计观测器的收敛性定理

定理：对于如式(2-11)所示的死区三明治系统，有

$$\begin{bmatrix}\boldsymbol{x}_1(k+1)\\ \boldsymbol{x}_2(k+1)\end{bmatrix}=\begin{bmatrix}\boldsymbol{A}_{11} & \boldsymbol{0}\\ \boldsymbol{A}_{21i} & \boldsymbol{A}_{22}\end{bmatrix}\begin{bmatrix}\boldsymbol{x}_1(k)\\ \boldsymbol{x}_2(k)\end{bmatrix}+\begin{bmatrix}\boldsymbol{B}_{11}\\ \boldsymbol{0}\end{bmatrix}u(k)+\begin{bmatrix}\boldsymbol{0}\\ \boldsymbol{\theta}_{22i}\end{bmatrix}$$

$$\boldsymbol{y}(k)=\boldsymbol{C}\boldsymbol{x}(k)=[\boldsymbol{C}_{11} \quad \boldsymbol{C}_{22}]\boldsymbol{x}(k), \quad i=1,2,3$$

其中，$\boldsymbol{0}$ 表示具有相应阶数的零矩阵，$\boldsymbol{C}_{11}=[0 \quad \cdots \quad 0 \quad 0]\in\mathbf{R}^{1\times n_1}$，$\boldsymbol{C}_{22}=[0 \quad \cdots \quad 0 \quad 1]\in\mathbf{R}^{1\times n_2}$。反馈矩阵可分解为

$$\boldsymbol{K}=\begin{bmatrix}\boldsymbol{K}_1\\ \boldsymbol{K}_2\end{bmatrix}, \quad \boldsymbol{K}_1\in\mathbf{R}^{n_1\times1}, \quad \boldsymbol{K}_2\in\mathbf{R}^{n_2\times1}$$

设死区三明治系统满足如下条件。

(1) 系统子状态 $\boldsymbol{x}_1$ 有界限，即 $\forall k$，$\|\boldsymbol{x}_1(k)\|_m\leqslant x_b$，$x_b\geqslant0$ 为给定的常数。

(2) 观测器的 $\boldsymbol{e}_1$ 初始误差亦有界，即 $\|\boldsymbol{e}_1(1)\|_m\leqslant e_b$，$e_b\geqslant0$ 为给定的常数。

(3) 子系统 $\boldsymbol{x}_1$ 的系数矩阵 $\boldsymbol{A}_{11}$ 的特征值均在单位圆内且 $\boldsymbol{K}_1=\boldsymbol{0}$。

(4) 子系统 $\boldsymbol{x}_2$ 的系数矩阵 $\boldsymbol{A}_{22}$ 与对应的子增益矩阵 $\boldsymbol{K}_2$ 构成的特征矩阵($\boldsymbol{A}_{22}-\boldsymbol{K}_2\boldsymbol{C}_{22}$)的特征值均在单位圆内，则式(3-1)所示的死区非光滑状态估计观测器的估计误差最终收敛到零。

3.2.3 仿真研究

设死区三明治系统可表示为

$$\begin{cases}\text{线性子系统 L}_1\text{：}\begin{bmatrix}x_{11}(k+1)\\x_{12}(k+1)\end{bmatrix}=\begin{bmatrix}0.8&0\\0.01&0.45\end{bmatrix}\begin{bmatrix}x_{11}(k)\\x_{12}(k)\end{bmatrix}+\begin{bmatrix}0.004107\\0\end{bmatrix}u(k)\\ \text{死区：}v(k)=DZ(x_{12}(k))=\begin{cases}x_{12}(k)-0.01, & x_{12}(k)>0.01\\0, & -0.01\leqslant x_{12}(k)\leqslant 0.01\\x_{12}(k)+0.01, & x_{12}(k)<-0.01\end{cases}\\ \text{其中，}m_1=m_2=1,D_1=D_2=0.04\\ \text{线性子系统 L}_2\text{：}\begin{bmatrix}x_{21}(k+1)\\x_{22}(k+1)\end{bmatrix}=\begin{bmatrix}0.8&0\\0.2&0.9\end{bmatrix}\begin{bmatrix}x_{21}(k)\\x_{22}(k)\end{bmatrix}+\begin{bmatrix}0.25\\0\end{bmatrix}v(k)\\ \text{输出方程：}\boldsymbol{y}(k)=\boldsymbol{C}\boldsymbol{x}(k)=[0\quad 0\quad 0\quad 1][x_{11}(k)\quad x_{12}(k)\quad x_{21}(k)\quad x_{22}(k)]^{\mathrm{T}}\end{cases} \tag{3-2}$$

按照式(2-11)的形式，将式(3-2)所给的死区三明治系统写成整体矩阵形式，即

$$\begin{bmatrix}x_{11}(k+1)\\x_{12}(k+1)\\x_{21}(k+1)\\x_{22}(k+1)\end{bmatrix}=\begin{bmatrix}0.8&0&0&0\\0.01&0.45&0&0\\0&0.25(1-h_3(k))&0.8&0\\0&0&0.2&0.9\end{bmatrix}\begin{bmatrix}x_{11}(k)\\x_{12}(k)\\x_{21}(k)\\x_{22}(k)\end{bmatrix}$$
$$+\begin{bmatrix}0.4107\\0\\0\\0\end{bmatrix}u(k)+\begin{bmatrix}0\\0\\0.0025(1-h_3(k))(h_2(k)-h_1(k))\\0\end{bmatrix} \tag{3-3}$$

按式(2-14)所给形式，将式(3-3)写成如下形式

$$\begin{cases}\begin{cases}\boldsymbol{x}(k+1)=\boldsymbol{A}_1\boldsymbol{x}(k)+\boldsymbol{B}u(k)+\boldsymbol{\eta}_1(k), & x_{12}(k)>0.01\\\boldsymbol{x}(k+1)=\boldsymbol{A}_2\boldsymbol{x}(k)+\boldsymbol{B}u(k)+\boldsymbol{\eta}_2(k), & -0.01\leqslant x_{12}(k)\leqslant 0.01\\\boldsymbol{x}(k+1)=\boldsymbol{A}_3\boldsymbol{x}(k)+\boldsymbol{B}u(k)+\boldsymbol{\eta}_3(k), & x_{12}(k)<-0.01\end{cases}\\\boldsymbol{y}(k)=\boldsymbol{C}\boldsymbol{x}(k)=[0\quad 0\quad 0\quad 1]\boldsymbol{x}(k)\end{cases} \tag{3-4}$$

其中

$$\boldsymbol{A}_2=\begin{bmatrix}0.8&0&0&0\\0.01&0.45&0&0\\0&0&0.8&0\\0&0&0.2&0.9\end{bmatrix},\quad \boldsymbol{B}=\begin{bmatrix}0.004107\\0\\0\\0\end{bmatrix}$$

$$\boldsymbol{A}_1=\boldsymbol{A}_3=\begin{bmatrix}0.8&0&0&0\\0.01&0.45&0&0\\0&0.25&0.8&0\\0&0&0.2&0.9\end{bmatrix},\quad \boldsymbol{\eta}_1=\begin{bmatrix}0\\0\\-0.0025\\0\end{bmatrix}$$

$$\boldsymbol{\eta}_2=\begin{bmatrix}0\\0\\0\\0\end{bmatrix},\quad \boldsymbol{\eta}_3=\begin{bmatrix}0\\0\\0.0025\\0\end{bmatrix},\quad \boldsymbol{C}=[0\quad 0\quad 0\quad 1]$$

根据式(3-1)、式(3-3)、式(3-4)及 3.2.2 节给出的死区非光滑状态估计观测器收敛定理可知：$\boldsymbol{x}_1$ 的系数矩阵 $\boldsymbol{A}_{11}$ 的特征值为[0.8　0.45]，在单位圆内，当增益矩阵 $\boldsymbol{K}=[0\quad 0\quad 0.1\quad 0.1]^{\mathrm{T}}$ 时，$\boldsymbol{K}_1=\boldsymbol{0}$，$\boldsymbol{x}_2$ 子系统的特征矩阵($\boldsymbol{A}_{22}-\boldsymbol{K}_2\boldsymbol{C}_{22}$)的特征值为$[0.8000+\mathrm{i}0.1414\quad 0.8000-\mathrm{i}0.1414]^{\mathrm{T}}$ 均在单位圆内，因此满足定理给出的观测器收敛条件。设观测器的初始值为$\hat{\boldsymbol{x}}(0)=[5\quad 0.05\quad 0.02\quad 0.02]^{\mathrm{T}}$，真实初始值为 $\boldsymbol{x}(0)=[0\quad 0\quad 0\quad 0]^{\mathrm{T}}$，仿真结果如图 3.1 所示。图中，实线表示状态的真实值，虚线表示状态的估计值。由图 3.1 可见，非光滑状态估计观测器(简称非光滑观测器)能够快速、准确地跟踪系统的各个状态变量真实值。

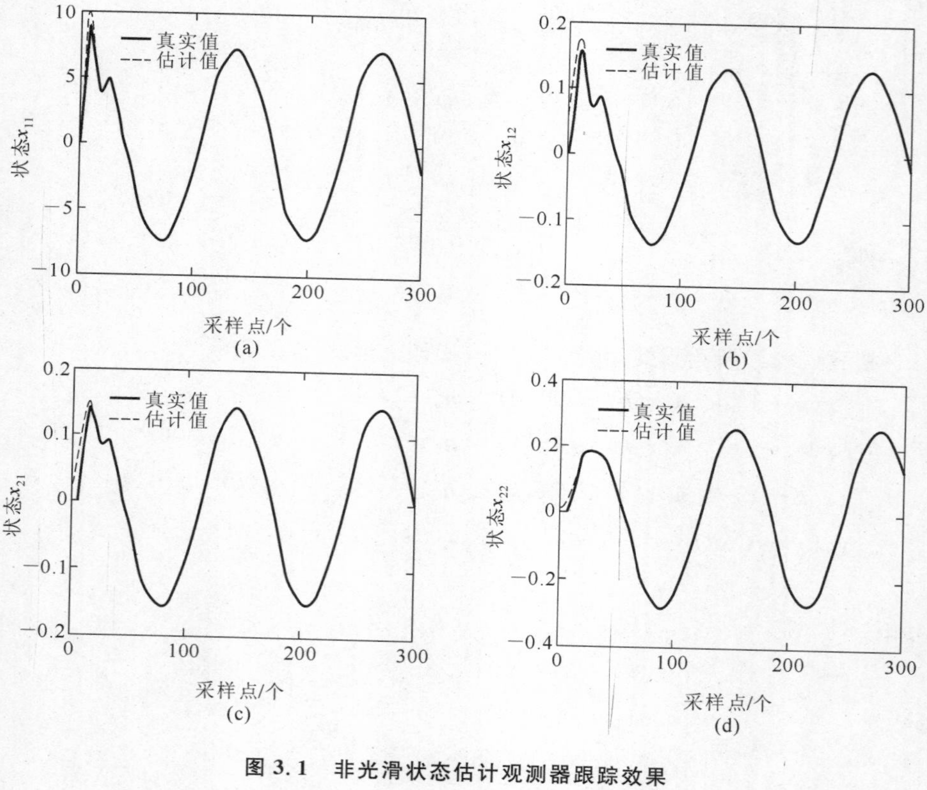

图 3.1　非光滑状态估计观测器跟踪效果

为了说明非光滑观测器的有效性，采用传统的观测器作为基准，与非光滑观测器的估计效果进行了比较。由于传统的观测器设计忽略死区的影响，因此所构建的观测器是光滑的，那么原来的三明治系统模型蜕变成了由两个线性环节

和一个比例环节串联而成的系统。相应的观测器具有如下形式

$$\hat{\boldsymbol{x}}(k+1)=\boldsymbol{A}\hat{\boldsymbol{x}}(k)+\boldsymbol{B}u(k)+\boldsymbol{K}_l(\boldsymbol{y}(k)-\hat{\boldsymbol{y}}(k)) \tag{3-5}$$

若取 $\boldsymbol{K}_l=[0\quad 0\quad 0.1\quad 0.1]^{\mathrm{T}}$，观测器满足收敛条件[66]。图 3.2 给出了传统观测器对各个状态变量的估计情况，图中实线表示状态真实值，虚线表示观测器的估计值。由图 3.2 可见，传统观测器对状态的估计效果明显不如本节所提出的非光滑状态估计观测器。特别是对状态 x_{21} 和 x_{22} 的估计出现了较大的偏差。

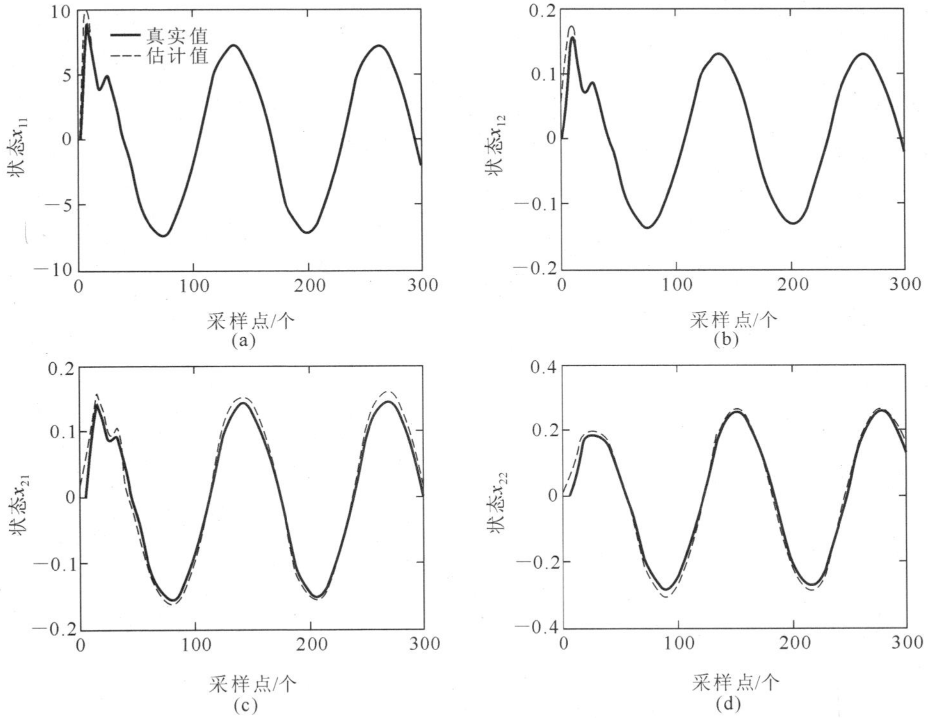

图 3.2　传统观测器跟踪效果

为了进一步比较两种观测器对各个状态的估计效果，图 3.3 给出了两类观测器对各个状态估计的误差值曲线，其中实线表示非光滑状态估计观测器的估计误差，虚线表示传统观测器的估计误差。从图 3.3 中可以清楚地看到，与传统观测器比较，非光滑状态估计观测器的估计误差要小得多。而传统观测器由于没有考虑非光滑非线性环节的作用，所以对状态的估计误差也较大。由图 3.3 可见，由于状态 x_{11} 和 x_{12} 在记忆区不能观，且 $\boldsymbol{K}_1=\boldsymbol{0}$，所以对于两类观测器来说，不能观子状态 x_{11} 和 x_{12} 的收敛速度是相同的；对能观子状态 x_{21} 和 x_{22} 来说，设定其误差带为 ± 0.0025（图 3.3 中点画线表示其区域），非光滑状态估计观测器分别经过 18 步和 32 步迭代后，估计误差进入设定的误差带中，而对传统观测器来

说，x_{21} 和 x_{22} 的估计误差始终无法进入设定的误差带中。因此，非光滑状态估计观测器较之传统观测器有更好的估计精度和更快的收敛速度。

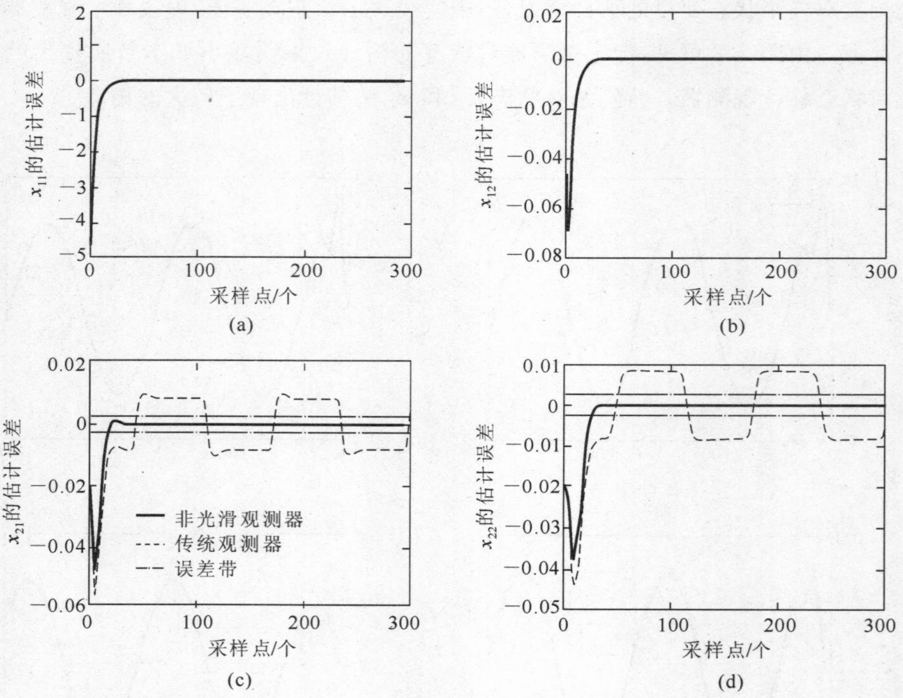

图 3.3　观测器误差比较

3.2.4　实验验证

本章提出的非光滑状态估计观测器状态估计方法用于对 X-Y 移动定位平台的宏平台运动特性的状态估计。X-Y 精密移动宏平台如图 3.4 所示，每一个直流电动机驱动一个移动轴，直流电动机通过蜗杆将电动机的转动转化为负载的直线运动。电动机由数字信号处理器(DSP)控制，DSP 的型号为 TMS320LF-2407A。每个轴的移动位置由光栅测得，光栅的型号为 RGF2000H125B，光栅的精度为 10 nm。用安捷伦公司出品的 HCTL-2020 积分解码电路对 A、B 两个编码器的信号进行解码，其解码获得的信息就是对负载直线位移的测量采样值。

在该系统中的 X 轴方向，伺服电动机可以看作是一个一阶线性动态子系统 L_1。滚珠丝杠机构可以看作是一个二阶线性子系统 L_2。由于存在摩擦，伺服电动机和滚珠丝杠机构都存在死区。因此，X-Y 精密移动宏平台的 X 轴是一个典型的死区三明治系统。在取采样频率为 2 kHz 的情况下，参考文献[67]对 X-Y

图 3.4　X-Y 精密移动宏平台

精密移动宏平台的 X 轴进行了辨识，并给出了其输入/输出模型。这里，将文献[67]所给的平台输入/输出模型转化成状态空间模型，如式(3-6)所示

$$\begin{cases} \text{线性 } L_1: [x_{11}(k+1)] = [0.5848][x_{11}(k)] + [0.0823]u(k) \\ \text{死区}: v(k) = DZ(x_{11}(k)) = \begin{cases} x_{11}(k) - 0.1098, & x_{11}(k) > 0.1098 \\ 0, & -0.1173 \leqslant x_{11}(k) \leqslant 0.1098 \\ 0.945(x_{11}(k) + 0.1173), & x_{11}(k) < -0.1173 \end{cases} \\ \text{线性 } L_2: \begin{bmatrix} x_{21}(k+1) \\ x_{22}(k+1) \end{bmatrix} = \begin{bmatrix} 1.8197 & -0.8246 \\ 1 & 0 \end{bmatrix} \begin{bmatrix} x_{21}(k) \\ x_{22}(k) \end{bmatrix} + \begin{bmatrix} 2.4557 \\ 1.3495 \end{bmatrix} v(k) \\ \text{输出方程}: \boldsymbol{y}(k) = [0 \quad 0 \quad 1][x_{11}(k) \quad x_{21}(k) \quad x_{22}(k)]^{\mathrm{T}} \end{cases} \tag{3-6}$$

其中：$u(k)$表示能直接测量的三明治系统的输入电压，单位为 V。x_{11}是 L_1 环节的输出，表示的是伺服电动机的输出扭矩，单位为 N·m。$v(k)$是死区环节的输出。x_{21}是由输入/输出模型转化为状态空间模型时的中间状态变量，没有明确的物理意义。x_{22}是能直接测量的宏平台移动速度，单位为mm/s。根据式(3-6)可知：该三明治系统的 $\boldsymbol{A}_{11}$ 矩阵的特征值为[0.5848]，在单位圆内，当增益矩阵为 $\boldsymbol{K}=[0 \quad 0.98 \quad 0.98]^{\mathrm{T}}$ 时，$\boldsymbol{K}_1=\boldsymbol{0}$ 且$(\boldsymbol{A}_{22}-\boldsymbol{K}_2\boldsymbol{C}_{22})$的特征值为$[0.8135 \quad 0.0262]^{\mathrm{T}}$，均在单位圆内，因此，满足死区非光滑状态估计观测器收敛定理的条件。因此，根据3.2.2 节中的收敛定理可知：若采用如式(3-1)所示的观测器，当取观测器的增益矩阵 $\boldsymbol{K}=[0 \quad 0.98 \quad 0.98]^{\mathrm{T}}$ 时，该系统的估计值是将最终收敛到其真实值的。为了进一步说明非光滑状态估计观测器的有效性，构造传统观测器与之比较。在传统观测器中，忽略死区的作用，并将死区看作是一个单位比例环节。因此，传统观测器如下

$$\hat{\boldsymbol{x}}(k+1) = \boldsymbol{A}_1 \hat{\boldsymbol{x}}(k) + \boldsymbol{B}u(k) + \boldsymbol{K}_l(\boldsymbol{y}(k) - \hat{\boldsymbol{y}}(k)) \tag{3-7}$$

取 $\boldsymbol{K}_l=[0 \quad 0.98 \quad 0.98]^{\mathrm{T}}$，根据文献[66]，传统观测器也会收敛。同时，设定两类观测器的状态初始值都为$\hat{\boldsymbol{x}}(0)=[0.1 \quad 0.5 \quad 0.2]^{\mathrm{T}}$。输入电压函数为

$u(k)=A\sin\omega kT$（输出饱和部分（$y>2$ mm/s）被自动截止）。$A=1$ V，$\omega=5$ rad/s。那么，在如图 3.5 所示的输入电压下，两类观测器状态估计效果分别如图 3.6和图 3.7 所示。从图 3.6 可见，非光滑状态估计观测器能够准确快速地跟踪输出状态，而从图 3.7 可见，由于忽略了死区的影响，传统观测器无法准确、快速地跟踪输出状态。

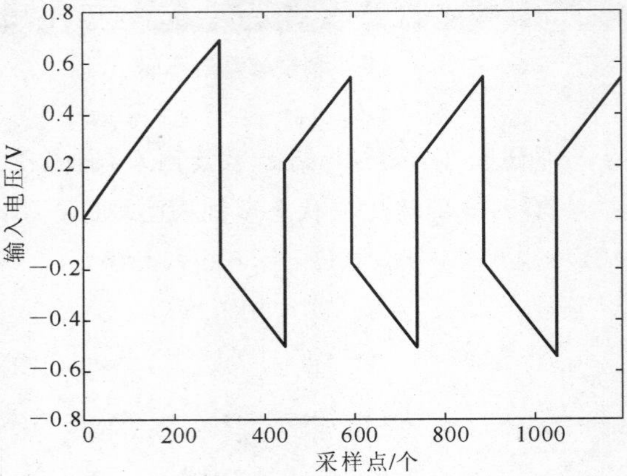

图 3.5　输入电压 $u(k)$

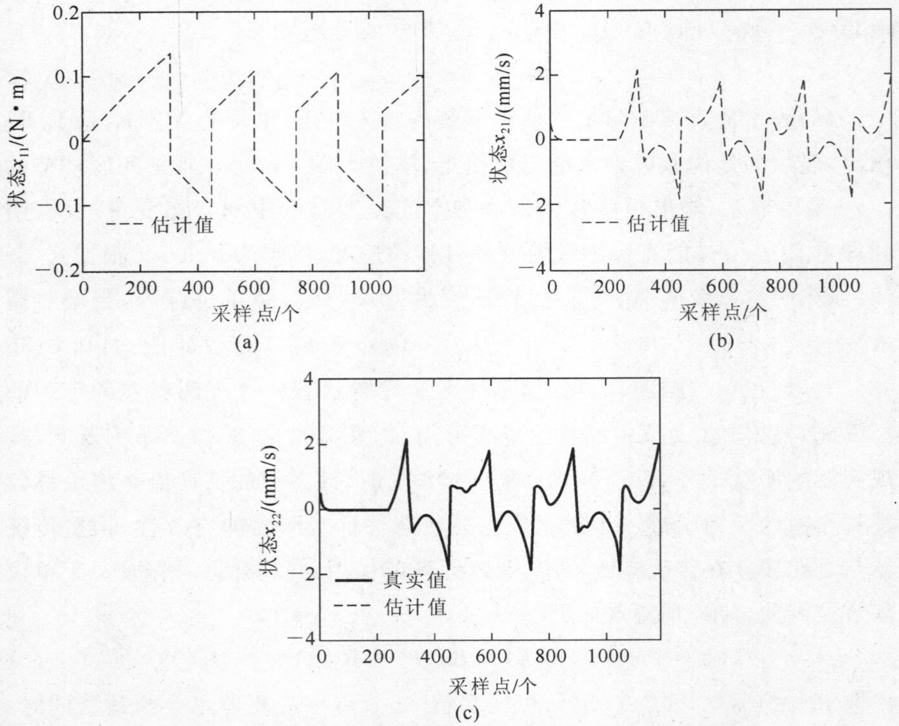

图 3.6　非光滑状态估计观测器的状态估计效果

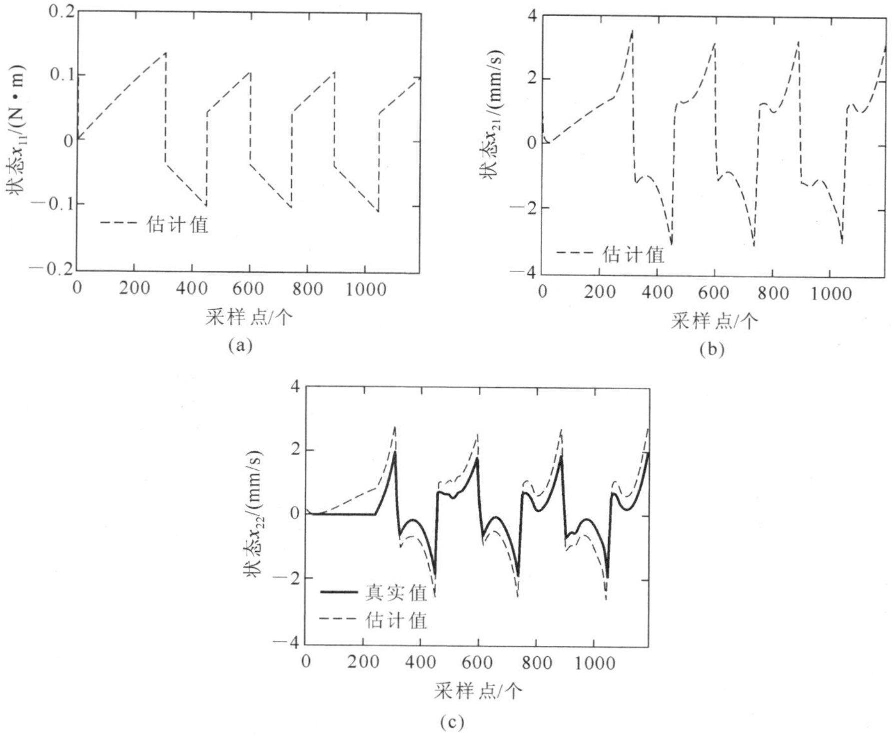

图 3.7　传统观测器的状态估计效果

为了更清晰地说明两类观测器状态估计效果的差别，图 3.8 给出了两类观测器估计误差的比较。从图 3.8 可以看出，非光滑观测器的估计误差在零线附近振荡，但是幅值较小，而传统观测器的估计误差以较大的幅值在零线附近振荡。为了说明两类观测器在收敛速度上的差别，设定了±0.3 mm/s 的误差带进行分析。表 3.1 给出了两个观测器的估计误差和进入该误差带所需要的迭代次数。非光滑状态估计观测器经过 310 步迭代后进入误差带，而传统观测器的估计误差始终无法进入误差带。

表 3.1　两类观测器进入±0.3 mm/s 误差带的迭代次数

观测器种类	非光滑观测器	传统观测器
迭代次数	310	无限多次

因此，无论从估计精度和速度上说，构造非光滑状态估计观测器对死区三明治系统进行状态估计都是非常必要的。但是，从图 3.8 可见，即使采用非光滑状态估计观测器，仍存在估计误差，但值得注意的是：产生该误差的原因是辨识模型的不确定性和外干扰。对于由于模型不确定性和外干扰引起的估计误差问题将在第 5 章的鲁棒状态估计观测器中予以解决。

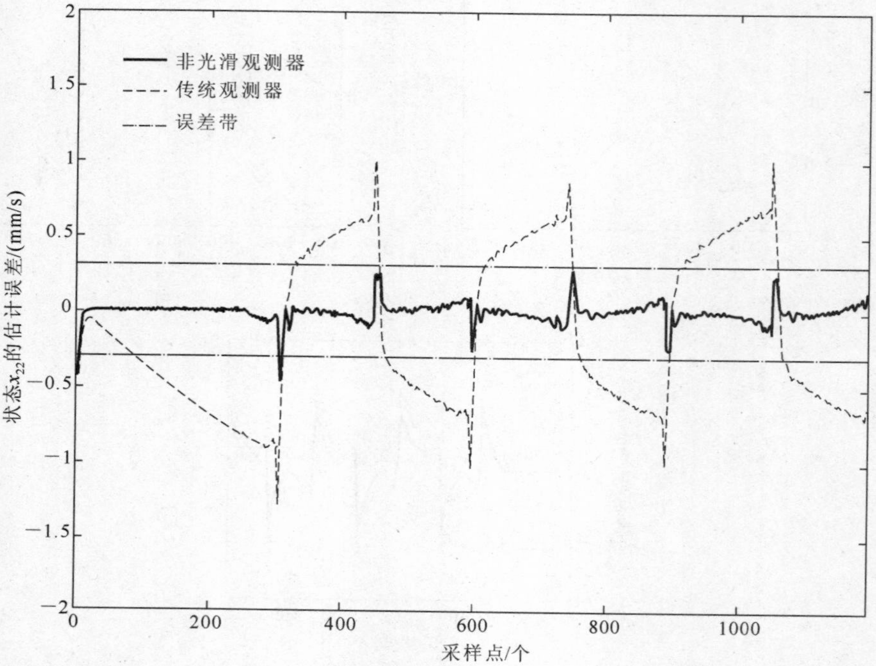

图 3.8 输出 x_{22} 估计误差比较

3.3 间隙三明治系统的非光滑状态估计观测器

与死区三明治系统比较，间隙的工作区间不仅与间隙环节前的输入有关，而且还与间隙在前一个时刻的输出有关，因此，间隙三明治系统具有一定的动态特性，比死区三明治系统更复杂。同时，间隙实际上可以看作是一种特殊的迟滞，因此研究间隙三明治系统也是研究迟滞三明治系统的基础。

如果间隙系统只有输入 $u(k)$ 和输出 $y(k)$ 可测，那么该三明治系统只有在线性工作区是满足完全能观条件的，即只当 $j=1,3$ 时，能观性矩阵 $\boldsymbol{N}=[\boldsymbol{C}\quad \boldsymbol{CA}_j\quad \cdots\quad \boldsymbol{CA}_j^{n_1+n_2-1}]^{\mathrm{T}}$ 的秩等于 n_1+n_2。而在记忆工作区间，能观性矩阵的秩等于 n_2，即后端的线性子系统 L_2 完全能观，而前端子系统 L_1 不能观。所以，从整个工作区间来看，$\boldsymbol{x}_1$ 子系统是不能观的，$\boldsymbol{x}_2$ 子系统是能观的。故整个间隙三明治系统不完全能观。因此，与前面对死区三明治系统的分析类似，传统的方法无法求解观测器的增益矩阵。

3.3.1　间隙非光滑状态估计观测器

根据式(2-28),构造相应的间隙三明治系统的 Luenberger 型观测器,即

$$\hat{\boldsymbol{x}}(k+1)=\boldsymbol{A}_j\hat{\boldsymbol{x}}(k)+\boldsymbol{B}u(k)+\hat{\boldsymbol{\eta}}_j+\boldsymbol{K}(\boldsymbol{y}(k)-\hat{\boldsymbol{y}}(k)),\quad j=1,2,3 \tag{3-8}$$

$$j=\begin{cases}1, & \hat{x}_{1n_1}(k)>\dfrac{\hat{v}(k-1)}{m_1}+D_1,\Delta\hat{x}_{1n_1}(k)>0\\ 2, & \text{其他}\\ 3, & \hat{x}_{1n_1}(k)<\dfrac{\hat{v}(k-1)}{m_2}-D_2,\Delta\hat{x}_{1n_1}(k)<0\end{cases},\hat{\boldsymbol{y}}(k)=\boldsymbol{C}\hat{\boldsymbol{x}}(k)$$

其中,

$$\hat{\boldsymbol{\eta}}_j=\begin{bmatrix}\boldsymbol{0}\\ \hat{\boldsymbol{\theta}}_{22j}\end{bmatrix},\quad \hat{\boldsymbol{\theta}}_{22j}=\begin{cases}-\boldsymbol{B}_{22}m_1D_1, & j=1\\ \boldsymbol{B}_{22}\hat{v}(k-1), & j=2\\ \boldsymbol{B}_{22}m_2D_2, & j=3\end{cases}$$

增益矩阵

$$\boldsymbol{K}=\begin{bmatrix}\boldsymbol{K}_1\\ \boldsymbol{K}_2\end{bmatrix},\quad \boldsymbol{K}_1\in\mathbf{R}^{n_1\times 1},\quad \boldsymbol{K}_2\in\mathbf{R}^{n_2\times 1}$$

3.3.2　间隙非光滑状态估计观测器收敛性定理

定理:对于如式(2-28)所示的间隙三明治系统

$$\begin{bmatrix}\boldsymbol{x}_1(k+1)\\ \boldsymbol{x}_2(k+1)\end{bmatrix}=\begin{bmatrix}\boldsymbol{A}_{11} & \boldsymbol{0}\\ \boldsymbol{A}_{21i} & \boldsymbol{A}_{22}\end{bmatrix}\begin{bmatrix}\boldsymbol{x}_1(k)\\ \boldsymbol{x}_2(k)\end{bmatrix}+\begin{bmatrix}\boldsymbol{B}_{11}\\ \boldsymbol{0}\end{bmatrix}u(k)+\begin{bmatrix}\boldsymbol{0}\\ \boldsymbol{\theta}_{22i}\end{bmatrix}$$

$$\boldsymbol{y}(k)=\boldsymbol{C}\boldsymbol{x}(k)=[\boldsymbol{C}_{11},\boldsymbol{C}_{22}]\boldsymbol{x}(k),\quad i=1,2,3$$

其中,$\boldsymbol{0}$ 表示具有相应阶数的零矩阵,$\boldsymbol{C}_{11}=[0\ \ \cdots\ \ 0\ \ 0]\in\mathbf{R}^{1\times n_1}$,$\boldsymbol{C}_{22}=[0\ \ \cdots\ \ 0\ \ 1]\in\mathbf{R}^{1\times n_2}$。反馈矩阵可分解为

$$\boldsymbol{K}=\begin{bmatrix}\boldsymbol{K}_1\\ \boldsymbol{K}_2\end{bmatrix},\quad \boldsymbol{K}_1\in\mathbf{R}^{n_1\times 1},\quad \boldsymbol{K}_2\in\mathbf{R}^{n_2\times 1}$$

设间隙三明治系统满足如下条件。

(1)系统子状态 $\boldsymbol{x}_1$ 有界限,即 $\forall k$,$\|\boldsymbol{x}_1(k)\|_m\leqslant x_b$,$x_b\geqslant 0$ 为给定的常数。

(2)观测器的 $\boldsymbol{e}_1$ 初始误差亦有界,即 $\|\boldsymbol{e}_1(1)\|_m\leqslant e_b$,$e_b\geqslant 0$ 为给定的常数。

(3)子系统 $\boldsymbol{x}_1$ 的系数矩阵 $\boldsymbol{A}_{11}$ 的特征值均在单位圆内且 $\boldsymbol{K}_1=\boldsymbol{0}$。

(4)子系统 $\boldsymbol{x}_2$ 的系数矩阵 $\boldsymbol{A}_{22}$ 与对应的子增益矩阵 $\boldsymbol{K}_2$ 构成的特征矩阵($\boldsymbol{A}_{22}-\boldsymbol{K}_2\boldsymbol{C}_{22}$)的特征值均在单位圆内,则式(3-8)所示的观测器的估计误差最终收敛到零。

3.3.3　仿真研究

设仿真的间隙三明治系统可表示为

$$
\begin{cases}
\text{线性系统 } L_1: \begin{bmatrix} x_{11}(k+1) \\ x_{12}(k+1) \end{bmatrix} = \begin{bmatrix} 0.8 & 0 \\ 0.01 & 0.45 \end{bmatrix} \begin{bmatrix} x_{11}(k) \\ x_{12}(k) \end{bmatrix} + \begin{bmatrix} 0.004107 \\ 0 \end{bmatrix} u(k) \\
\text{间隙}: BL(x_{12}(k)) = v(k) = \begin{cases} x_{12}(k) - 0.04, & x_{12}(k) > v(k-1) + 0.04, \Delta x_{12}(k) > 0 \\ v(k-1), & \text{其他} \\ x_{12}(k) + 0.04, & x_{12}(k) < v(k-1) - 0.04, \Delta x_{12}(k) < 0 \end{cases} \\
\text{其中}, m_1 = m_2 = 1, D_1 = D_2 = 0.04 \\
\text{线性系统 } L_2: \begin{bmatrix} x_{21}(k+1) \\ x_{22}(k+1) \end{bmatrix} = \begin{bmatrix} 0.8 & 0 \\ 0.01 & 0.9 \end{bmatrix} \begin{bmatrix} x_{21}(k) \\ x_{22}(k) \end{bmatrix} + \begin{bmatrix} 0.25 \\ 0 \end{bmatrix} v(k) \\
\text{输出方程}: \boldsymbol{y}(k) = \boldsymbol{C}\boldsymbol{x}(k) = [0 \quad 0 \quad 0 \quad 1][x_{11}(k) \quad x_{12}(k) \quad x_{21}(k) \quad x_{22}(k)]^{\mathrm{T}}
\end{cases}
\tag{3-9}
$$

按照式(2-27)的形式，将式(3-9)所给的间隙三明治系统写成整体矩阵形式，即

$$
\begin{bmatrix} x_{11}(k+1) \\ x_{12}(k+1) \\ x_{21}(k+1) \\ x_{22}(k+1) \end{bmatrix} = \begin{bmatrix} 0.8 & 0 & 0 & 0 \\ 0.01 & 0.45 & 0 & 0 \\ 0 & 0.25(1-g_3(k)) & 0.8 & 0 \\ 0 & 0 & 0.01 & 0.9 \end{bmatrix} \begin{bmatrix} x_{11}(k) \\ x_{12}(k) \\ x_{21}(k) \\ x_{22}(k) \end{bmatrix} + \begin{bmatrix} 0.004107 \\ 0 \\ 0 \\ 0 \end{bmatrix} u(k)
$$
$$
+ \begin{bmatrix} 0 \\ 0 \\ 0.25(1-g_3(k))(0.04g_2(k) - 0.04g_1(k)) + 0.25g_3(k)v(k-1) \\ 0 \end{bmatrix}
\tag{3-10}
$$

按式(2-28)所给形式，将式(3-10)写成如下形式

$$
\begin{cases}
\boldsymbol{x}(k+1) = \boldsymbol{A}_1\boldsymbol{x}(k) + \boldsymbol{B}u(k) + \boldsymbol{\eta}_1(k), & i = 1 \\
\boldsymbol{x}(k+1) = \boldsymbol{A}_2\boldsymbol{x}(k) + \boldsymbol{B}u(k) + \boldsymbol{\eta}_2(k), & i = 2 \\
\boldsymbol{x}(k+1) = \boldsymbol{A}_3\boldsymbol{x}(k) + \boldsymbol{B}u(k) + \boldsymbol{\eta}_3(k), & i = 3 \\
\boldsymbol{y}(k) = \boldsymbol{C}\boldsymbol{x}(k) = [0 \quad 0 \quad 0 \quad 1]\boldsymbol{x}(k)
\end{cases}
\tag{3-11}
$$

其中

$$
\boldsymbol{A}_1 = \boldsymbol{A}_3 = \begin{bmatrix} 0.8 & 0 & 0 & 0 \\ 0.01 & 0.45 & 0 & 0 \\ 0 & 0.25 & 0.8 & 0 \\ 0 & 0 & 0.01 & 0.9 \end{bmatrix}, \quad \boldsymbol{A}_2 = \begin{bmatrix} 0.8 & 0 & 0 & 0 \\ 0.01 & 0.45 & 0 & 0 \\ 0 & 0 & 0.8 & 0 \\ 0 & 0 & 0.01 & 0.9 \end{bmatrix}
$$

$$
\boldsymbol{B} = \begin{bmatrix} 0.004107 \\ 0 \\ 0 \\ 0 \end{bmatrix}, \quad \boldsymbol{\eta}_1 = \begin{bmatrix} 0 \\ 0 \\ -0.01 \\ 0 \end{bmatrix}
$$

$$\boldsymbol{\eta}_2=\begin{bmatrix}0\\0\\0.25v(k-1)\\0\end{bmatrix},\quad \boldsymbol{\eta}_3=\begin{bmatrix}0\\0\\0.01\\0\end{bmatrix}$$

$$\boldsymbol{C}=[0\quad 0\quad 0\quad 1],\quad \boldsymbol{A}_{11}=\begin{bmatrix}0.8 & 0\\0.01 & 0.45\end{bmatrix}$$

$$\boldsymbol{A}_{22}=\begin{bmatrix}0.8 & 0\\0.01 & 0.9\end{bmatrix},\quad \boldsymbol{B}_{11}=\begin{bmatrix}0.004107\\0\end{bmatrix}$$

$$\boldsymbol{C}_{11}=[0\quad 0],\quad \boldsymbol{C}_{22}=[0\quad 1]$$

根据式(3-10)、式(3-11)及间隙非光滑状态估计观测器收敛性定理，以及式(3-8)表示的观测器，$\boldsymbol{x}_1$ 的系数矩阵 $\boldsymbol{A}_{11}$ 的特征值为[0.8　0.45]，在单位圆内，当增益矩阵 $\boldsymbol{K}=[0\quad 0\quad 0.1\quad 0.1]^{\mathrm{T}}$ 时，$\boldsymbol{K}_1=\boldsymbol{0}$，$\boldsymbol{x}_2$ 子系统的特征矩阵($\boldsymbol{A}_{22}-\boldsymbol{K}_2\boldsymbol{C}_{22}$)的特征值为$[0.8000+\mathrm{i}0.0316\quad 0.8000-\mathrm{i}0.0316]^{\mathrm{T}}$，均在单位圆内，因此满足定理给出的观测器收敛条件。设观测器的初始值为 $\hat{\boldsymbol{x}}(0)=[5\quad 0.2\quad 0.5\quad 0.02]^{\mathrm{T}}$，真实初始值为 $\boldsymbol{x}(0)=[0\quad 0\quad 0\quad 0]^{\mathrm{T}}$，仿真结果如图 3.9 所示。图中，实线表示状态的真实值，虚线表示状态的估计值。

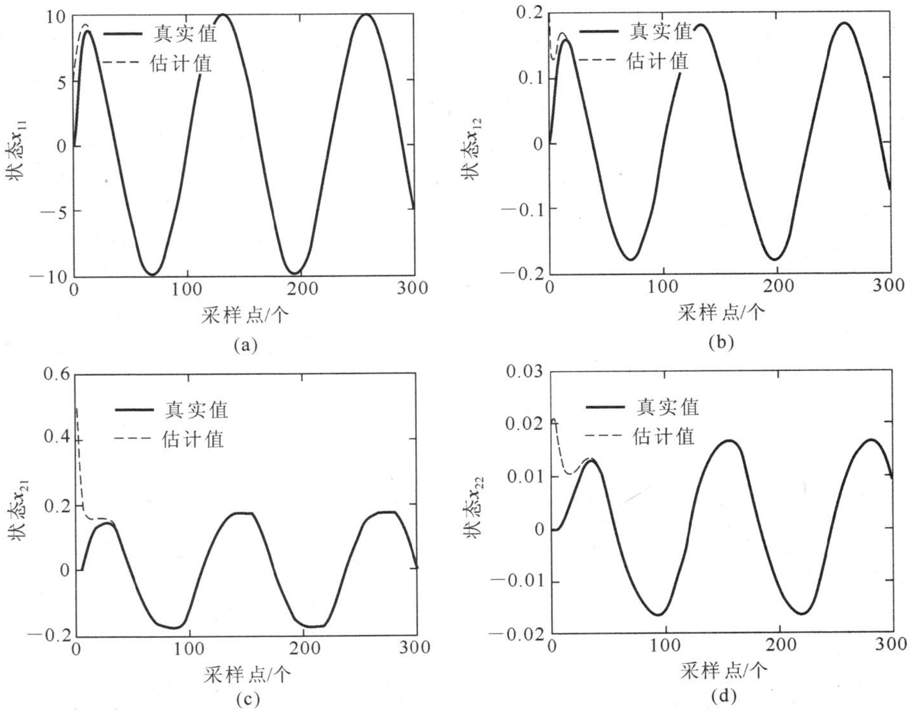

图 3.9　非光滑状态估计观测器跟踪效果

由图 3.9 可见，非光滑状态估计观测器就能够快速、准确地跟踪系统的各个状态变量真实值。与此同时，这里采用传统的观测器在相同的条件下进行比较。

由于传统的观测器设计忽略间隙的影响，因此所构建的观测器是光滑的，那么原来的三明治系统模型蜕变成了由两个线性环节和一个比例环节串联而成的系统。相应的观测器具有如下形式

$$\hat{\boldsymbol{x}}(k+1)=\boldsymbol{A}\hat{\boldsymbol{x}}(k)+\boldsymbol{B}u(k)+\boldsymbol{K}_l(\boldsymbol{y}(k)-\hat{\boldsymbol{y}}(k)) \tag{3-12}$$

若取 $\boldsymbol{K}_l=[0\quad 0\quad 0.1\quad 0.1]^{\mathrm{T}}$，观测器满足收敛条件[66]。图 3.10 给出了传统观测器对各个状态变量的估计情况。由图 3.10 可见，传统观测器对状态的估计效果明显不如本节所提出的非光滑状态估计观测器。特别是对状态 x_{21} 和 x_{22} 的估计出现了较大的偏差。为了进一步比较两种观测器对各个状态估计效果，图 3.11 给出了两类观测器对各个状态估计的误差值曲线，其中实线表示非光滑状态估计观测器的估计误差，虚线表示传统观测器的估计误差。

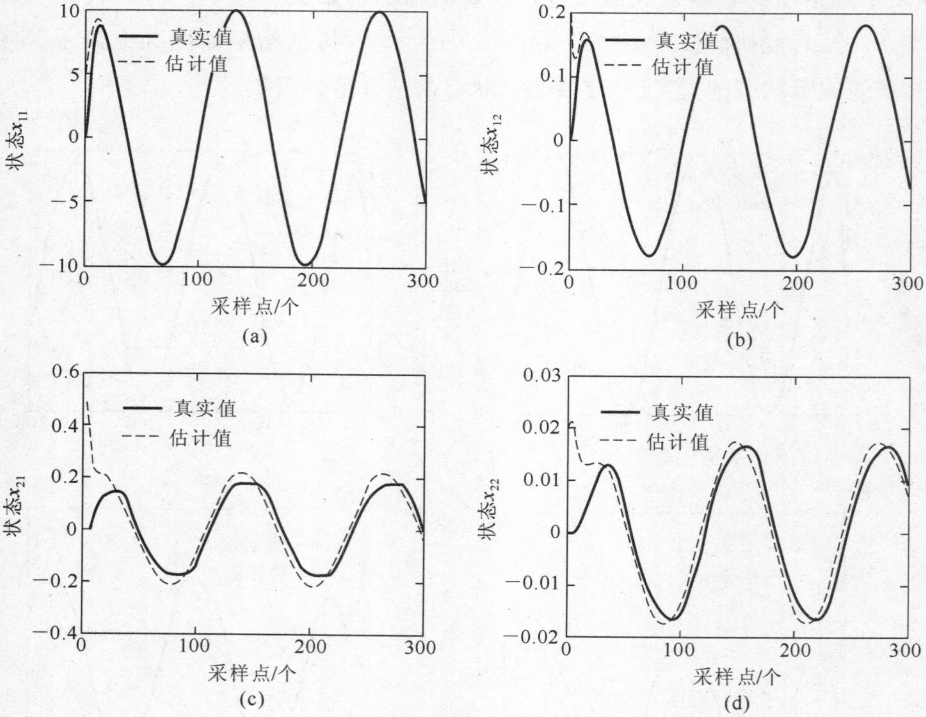

图 3.10　传统观测器跟踪效果

从图 3.11 可以清楚地看到，与传统观测器比较，非光滑状态估计观测器的估计误差要小得多。而传统观测器由于没有考虑非光滑非线性环节的作用，所以对状态的估计误差也较大。由图 3.11 可见，由于状态 x_{11} 和 x_{12} 在记忆区不能观，且

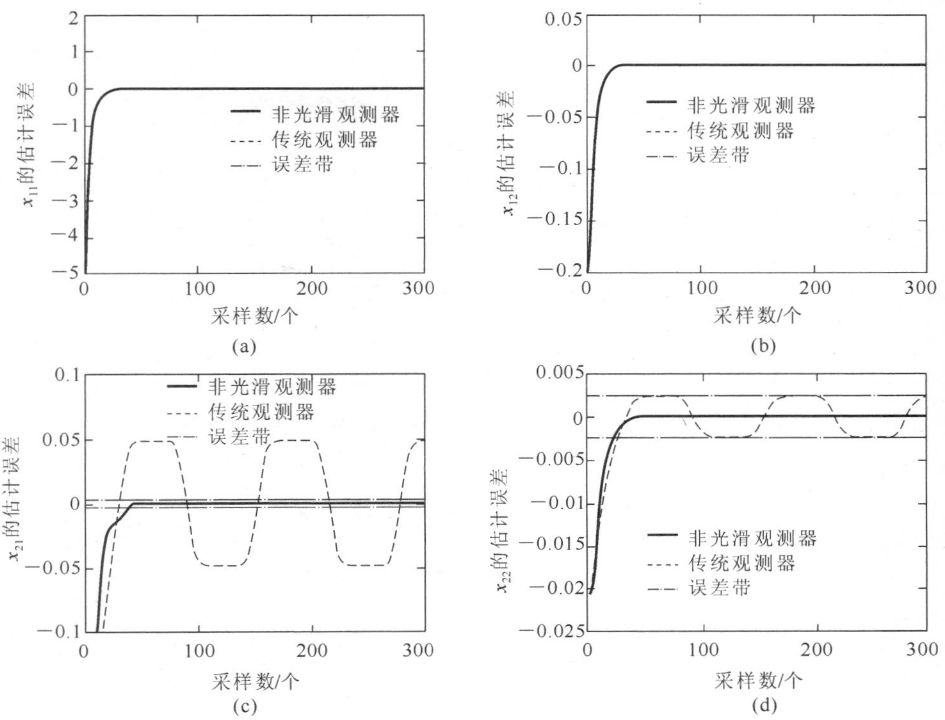

图 3.11　观测器误差比较

$\boldsymbol{K}_1=\boldsymbol{0}$，所以对于两类观测器来说，不能观子状态 x_{11} 和 x_{12} 的收敛速度是相同的，对能观子状态 x_{21} 和 x_{22} 来说，设定其误差带为 ± 0.0025（图 3.11 中两根点画线之间所表示的误差带区域），非光滑状态估计观测器分别经过 38 步和 23 步迭代后估计误差进入设定的误差带中，而对传统观测器来说，x_{21} 的估计误差始终无法进入设定的误差带中，x_{22} 的估计误差经过 28 步迭代后进入设定的误差带中。因此，非光滑状态估计观测器较之传统观测器有更好的估计精度和更快的收敛速度。

3.3.4　应用实例

图 3.12 给出了伺服液压传动装置的原理结构图。当伺服电动机 L_1 的输入和输出分别为电压 $u(k)$ 和线性位移 $x(k)$ 时，伺服电动机可以看作是一个二阶的动态线性子系统。当负载 L_2 的输入和输出分别为液压控制阀等效输入 $v(k)$ 和负载线性位移 $y(k)$ 时，负载子系统也可以认为是一个二阶动态线性子系统。由于液压控制阀不可避免地存在油隙（阀的油隙是由摩擦力和机械固定部分的间隙等因素造成的），所以 $x(k)$ 实际上需要经过一个间隙环节才变成负载 L_2 的等效输入 $v(k)$。因此，整个系统的构成为：两端是两个二阶线性子系统，中间是一个间隙环节。因此整个系统可以看作是一个间隙三明治系统。

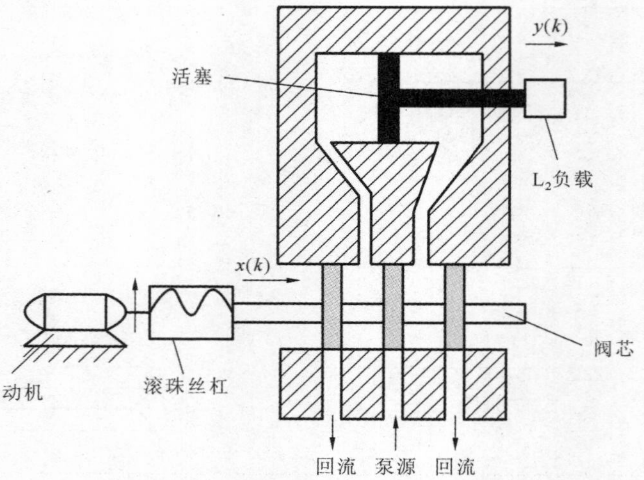

图 3.12 伺服液压传动装置原理简图

设采样周期为 $T=0.01$ s,相应的系统状态方程为

线性环节 L_1:$\begin{bmatrix} x_{11}(k+1) \\ x_{12}(k+1) \end{bmatrix}=\begin{bmatrix} 0.45 & 0 \\ 0.01 & 0.99 \end{bmatrix}\begin{bmatrix} x_{11}(k) \\ x_{12}(k) \end{bmatrix}+\begin{bmatrix} 0.004107 \\ 0 \end{bmatrix}u(k)$

线性环节 L_2:$\begin{bmatrix} x_{21}(k+1) \\ x_{22}(k+1) \end{bmatrix}=\begin{bmatrix} 0.9 & 0 \\ 0.01 & 1 \end{bmatrix}\begin{bmatrix} x_{21}(k) \\ x_{22}(k) \end{bmatrix}+\begin{bmatrix} 0.25 \\ 0 \end{bmatrix}v(k)$

间隙环节:$BL(x_{12}(k))=v(k)=\begin{cases} x_{12}(k)-0.04, & x_{12}(k)>x_{12}(k-1)+0.04, \Delta x_{12}(k)>0 \\ x_{12}(k-1), & \text{其他} \\ x_{12}(k)+0.04, & x_{12}(k)<x_{12}(k-1)-0.04, \Delta x_{12}(k)<0 \end{cases}$

$\boldsymbol{y}(k)=\boldsymbol{C}\boldsymbol{x}(k)=[0 \quad 0 \quad 0 \quad 1][x_{11}(k) \quad x_{12}(k) \quad x_{21}(k) \quad x_{22}(k)]^{\mathrm{T}}$

x_{11}:控制阀的移动速度(单位为 m/s)。

x_{12}:控制阀的位移(单位为 m)(对应图 3.12 中的 $x(k)$)。

x_{21}:液压缸的移动速度(单位为 m/s)。

x_{22}:液压缸的位移(单位为 m)(对应图 3.12 中的 $y(k)$)。

根据式(3-10)、式(3-11)及间隙非光滑状态估计观测器的定理,以及式(3-8)表示的观测器,$\boldsymbol{x}_1$ 的系数矩阵 $\boldsymbol{A}_{11}$ 的特征值为[0.99 0.45],在单位圆内,当增益矩阵 $\boldsymbol{K}=[0 \quad 0 \quad 0.1 \quad 0.1]^{\mathrm{T}}$ 时,$\boldsymbol{K}_1=\boldsymbol{0}$,$\boldsymbol{x}_2$ 子系统的特征矩阵($\boldsymbol{A}_{22}-\boldsymbol{K}_2\boldsymbol{C}_{22}$)的特征值为$[0.9000+\mathrm{i}0.0316 \quad 0.9000-\mathrm{i}0.0316]^{\mathrm{T}}$,均在单位圆内,因此满足定理给出的观测器收敛条件。传统观测器的增益为 $\boldsymbol{K}_l=[0 \quad 0 \quad 0.1 \quad 0.1]^{\mathrm{T}}$,满足收敛条件。

设观测器的初始值为$\hat{\boldsymbol{x}}(0)=[2 \quad 0.3 \quad 0.6 \quad 0.03]^{\mathrm{T}}$,真实初始值为 $\boldsymbol{x}(0)=[0 \quad 0 \quad 0 \quad 0]^{\mathrm{T}}$,非光滑状态估计观测器和传统观测器的状态估计结果如图 3.13和图 3.14 所示。

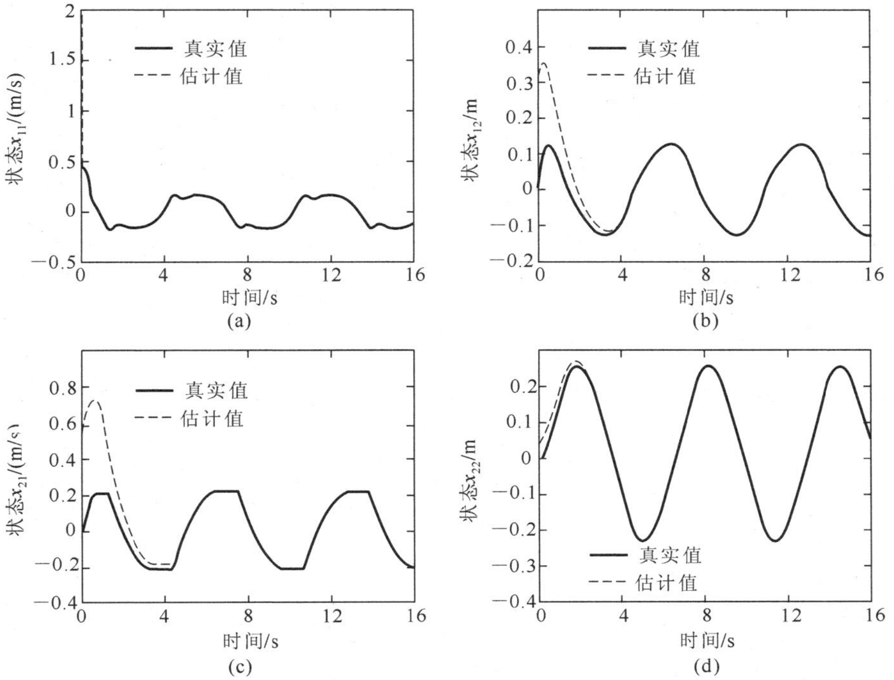

图 3.13　非光滑状态估计观测器跟踪效果

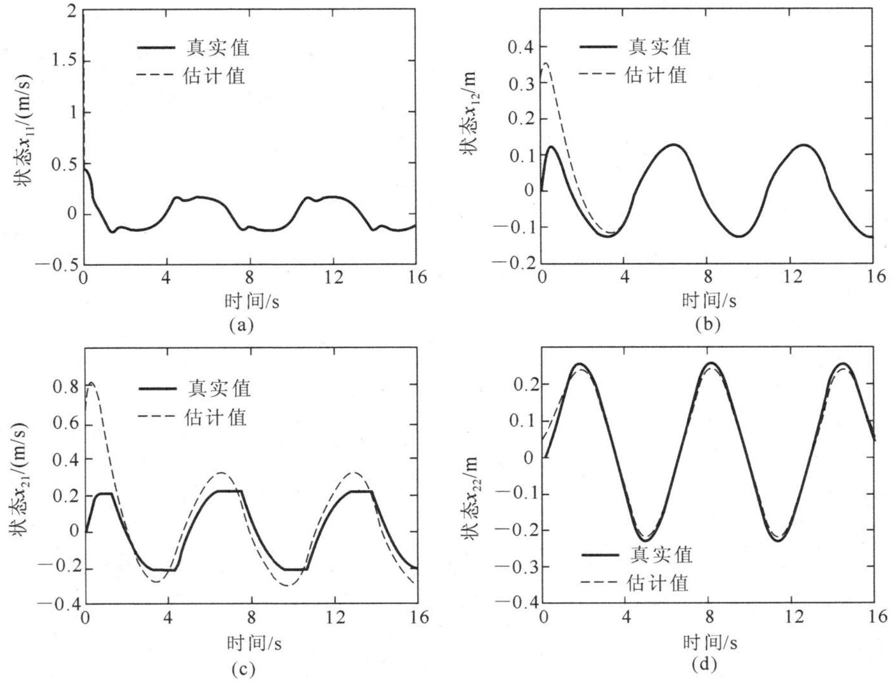

图 3.14　传统观测器跟踪效果

图中，实线表示状态的真实值，虚线表示状态的估计值。估计误差如图 3.15 所示。比较图 3.13 和图 3.14 可知，非光滑状态估计观测器能够准确地跟踪各个状态，而传统观测器对后两个状态的估计误差较大。从图 3.15 可见，子状态 $\boldsymbol{x}_1$ 的收敛速度相同；对能观子状态 x_{21} 和 x_{22} 来说，分别设定误差带为 ±0.0025 m/s 和 ±0.0025 m（误差带为在图 3.15 中用点画线表示的区域），非光滑状态估计观测器分别经过 581 次和 440 次迭代后其估计误差进入设定的误差带中，而对于传统观测器来说，x_{21} 和 x_{22} 的估计误差始终无法进入设定的误差带中。由此也得知非光滑状态估计观测器无论在估计精度还是收敛速度上都好于传统的观测器。

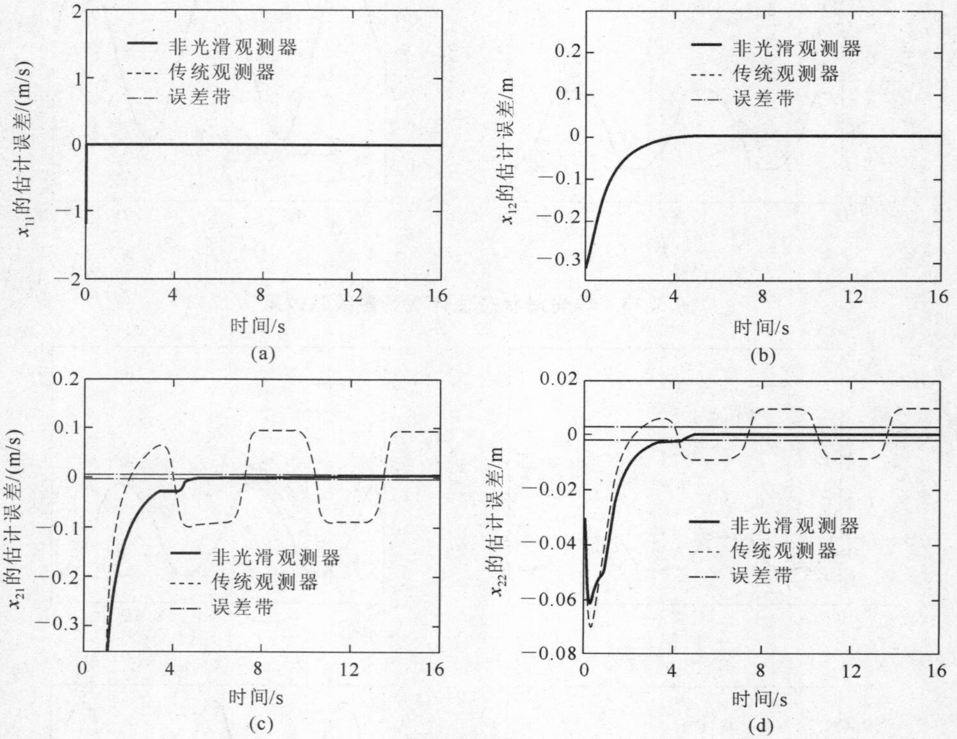

图 3.15　观测器误差比较

3.4　迟滞三明治系统的非光滑状态估计观测器

与死区和间隙三明治系统比较，迟滞三明治系统是最为复杂的。死区和间隙环节可以分为几个线性区来处理，然而迟滞却不行，迟滞没有明确的分区。因此对迟滞三明治系统观测器的构建更具挑战性。但是,迟滞可以看作是多个间隙环节的线性加权叠加,因此,可以利用 3.3 节中间隙三明治系统的非光滑状态估计观测器来构建迟滞三明治系统的非光滑状态估计观测器。

对于迟滞非光滑三明治系统同样需要明确:如果系统只有输入 $u(k)$ 和输出 $y(k)$ 可测,那么该迟滞三明治系统只有在 $\boldsymbol{A}_{21}(k)\neq\boldsymbol{0}$ 时是满足完全能观条件的,能观性矩阵 $\boldsymbol{N}(k)=[\boldsymbol{C}\quad \boldsymbol{CA}(k)\quad \cdots\quad \boldsymbol{CA}(k)^{n_1+n_2-1}]^{\mathrm{T}}$ 的秩等于 n_1+n_2。而 $\boldsymbol{A}_{21}(k)=\boldsymbol{0}$ 时,能观性矩阵的秩等于 n_2,即后端的线性子系统 L_2 完全能观,而前端子系统 L_1 不能观。所以,从整个工作区间来看,$\boldsymbol{x}_1$ 子系统是不能观的,$\boldsymbol{x}_2$ 子系统是能观的。故整个迟滞三明治系统不完全能观。根据前面死区和间隙部分类似分析可知,传统的状态观测器设计方法不再适用于迟滞三明治系统。

3.4.1　迟滞非光滑状态估计观测器

根据式(2-40),构造相应的迟滞三明治系统的 Luenberger 型观测器,即

$$\begin{cases}\hat{\boldsymbol{x}}(k+1)=\hat{\boldsymbol{A}}(k)\,\hat{\boldsymbol{x}}(k)+\boldsymbol{B}u(k)+\hat{\boldsymbol{\eta}}(k)+\boldsymbol{K}(\boldsymbol{y}(k)-\hat{\boldsymbol{y}}(k))\\ \hat{\boldsymbol{y}}(k)=\boldsymbol{C}\hat{\boldsymbol{x}}(k)\end{cases}\tag{3-13}$$

其中,增益矩阵 $\boldsymbol{K}=\begin{bmatrix}\boldsymbol{K}_1\\ \boldsymbol{K}_2\end{bmatrix}$,$\boldsymbol{K}_1\in\mathbf{R}^{n_1\times 1}$,$\boldsymbol{K}_2\in\mathbf{R}^{n_2\times 1}$

系统系数矩阵的估计矩阵 $\hat{\boldsymbol{A}}(k)$ 为

$$\hat{\boldsymbol{A}}(k)=\begin{bmatrix}\boldsymbol{A}_{11} & \boldsymbol{0}\\ \hat{\boldsymbol{A}}_{21}(k) & \boldsymbol{A}_{22}\end{bmatrix}$$

其中 $\hat{\boldsymbol{A}}_{21}(k)=[\boldsymbol{\beta}_1\quad \hat{\boldsymbol{\beta}}_2(k)]$,$\boldsymbol{\beta}_1=\boldsymbol{0}\in\mathbf{R}^{n_2\times(n_2-1)}$,$\hat{\boldsymbol{\beta}}_2(k)=\boldsymbol{B}_{22}\sum\limits_{i=1}^{n}w_i(1-\hat{g}_{3i}(k))\hat{m}_i(k)$,对迟滞向量的估计 $\hat{\boldsymbol{\eta}}(k)$ 为

$$\hat{\boldsymbol{\eta}}(k)=\begin{bmatrix}\boldsymbol{0}\\ \hat{\boldsymbol{\theta}}_{22}(k)\end{bmatrix}$$

$$\begin{aligned}\hat{\boldsymbol{\theta}}_{22}(k)=-\boldsymbol{B}_{22}\sum_{i=1}^{n}w_i[&(1-\hat{g}_{3i}(k))\hat{m}_i(k)D_{1i}\hat{g}_{1i}(k)\\ &-(1-\hat{g}_{3i}(k))\hat{m}_i(k)D_{2i}\hat{g}_{2i}(k)-\hat{g}_{3i}(k)\hat{z}_i(k-1)]\end{aligned}$$

其中,观测器的 $\hat{m}_i(k)$、$\hat{g}(k)$、$\hat{g}_{1i}(k)$、$\hat{g}_{1i}(k)$、$\hat{g}_{3i}(k)$、$\hat{z}_{li}(k)$ 和 $\hat{z}_i(k)$ 的计算公式为

$$\hat{m}_i(k)=m_{1i}+(m_{2i}-m_{1i})\hat{g}(k),\quad \hat{g}(k)=\begin{cases}0, & \Delta\hat{x}_{1n_1}(k)\geqslant 0\\ 1, & \Delta\hat{x}_{1n_1}(k)<0\end{cases}$$

$$\hat{g}_{1i}(k)=\begin{cases}1, & \hat{x}_{1n_1}(k)>\dfrac{\hat{z}_i(k-1)}{m_{1i}}+D_1,\Delta\hat{x}_{1n_1}(k)>0\\ 0, & \text{其他}\end{cases}$$

$$\hat{g}_{2i}(k)=\begin{cases}1, & \hat{x}_{1n_1}(k)<\dfrac{\hat{z}_i(k-1)}{m_{2i}}-D_2,\Delta\hat{x}_{1n_1}(k)<0\\ 0, & \text{其他}\end{cases}$$

$$\hat{g}_{3i}(k)=\begin{cases}1, & \hat{g}_{1i}(k)+\hat{g}_{2i}(k)=0\\0, & \hat{g}_{1i}(k)+\hat{g}_{2i}(k)=1\end{cases}$$

$\hat{z}_{li}(k)=\hat{m}_i(k)(\hat{x}(k)-D_{1i}\hat{g}_{1i}(k)+D_{2i}\hat{g}_{2i}(k))$，$\hat{z}_i(k)=(1-\hat{g}_{3i}(k))\hat{z}_{li}(k)+\hat{g}_{3i}(k)\hat{z}_i(k-1)$，这里 $i\in(1,2,\cdots,n)$，n 表示间隙的个数。

3.4.2 迟滞非光滑状态估计观测器收敛性定理

定理：对于如式(2-40)所示的迟滞三明治系统

$$\begin{cases}\begin{bmatrix}\boldsymbol{x}_1(k+1)\\\boldsymbol{x}_2(k+1)\end{bmatrix}=\begin{bmatrix}\boldsymbol{A}_{11} & \boldsymbol{0}\\\boldsymbol{A}_{21}(k) & \boldsymbol{A}_{22}\end{bmatrix}\begin{bmatrix}\boldsymbol{x}_1(k)\\\boldsymbol{x}_2(k)\end{bmatrix}+\begin{bmatrix}\boldsymbol{B}_{11}\\\boldsymbol{0}\end{bmatrix}u(k)+\begin{bmatrix}\boldsymbol{0}\\\boldsymbol{\theta}_{22}(k)\end{bmatrix}\\\boldsymbol{y}(k)=\boldsymbol{C}\boldsymbol{x}(k)=[\boldsymbol{C}_{11}\quad \boldsymbol{C}_{22}]\boldsymbol{x}(k),\quad i=1,2,3\end{cases}$$

其中，$\boldsymbol{0}$ 表示具有相应阶数的零矩阵，$\boldsymbol{C}_{11}=[0\ \cdots\ 0\ 0]\in\mathbf{R}^{1\times n_1}$，$\boldsymbol{C}_{22}=[0\ \cdots\ 0\ 1]\in\mathbf{R}^{1\times n_2}$。反馈矩阵可分解为 $\boldsymbol{K}=\begin{bmatrix}\boldsymbol{K}_1\\\boldsymbol{K}_2\end{bmatrix}$，$\boldsymbol{K}_1\in\mathbf{R}^{n_1\times 1}$，$\boldsymbol{K}_2\in\mathbf{R}^{n_2\times 1}$。设迟滞三明治系统满足如下条件。

(1)系统子状态 $\boldsymbol{x}_1$ 有界限，即 $\forall k$，$\|\boldsymbol{x}_1(k)\|_m\leqslant x_b$，$x_b\geqslant 0$ 为给定的常数。

(2)观测器的 $\boldsymbol{e}_1$ 初始误差亦有界，即 $\|\boldsymbol{e}_1(1)\|_m\leqslant e_b$，$e_b\geqslant 0$ 为给定的常数。

(3)子系统 $\boldsymbol{x}_1$ 的系数矩阵 $\boldsymbol{A}_{11}$ 的特征值均在单位圆内且 $\boldsymbol{K}_1=\boldsymbol{0}$。

(4)子系统 $\boldsymbol{x}_2$ 的系数矩阵 $\boldsymbol{A}_{22}$ 与对应的子增益矩阵 $\boldsymbol{K}_2$ 构成的特征矩阵($\boldsymbol{A}_{22}-\boldsymbol{K}_2\boldsymbol{C}_{22}$)的特征值均在单位圆内，则式(3-13)所示的观测器的估计误差最终收敛到零。

3.4.3 仿真研究

仿真系统如下

$$\begin{cases}\text{线性 L}_1:\begin{bmatrix}x_{11}(k+1)\\x_{12}(k+1)\end{bmatrix}=\begin{bmatrix}0.8 & 0\\0.01 & 0.45\end{bmatrix}\begin{bmatrix}x_{11}(k)\\x_{12}(k)\end{bmatrix}+\begin{bmatrix}0.004107\\0\end{bmatrix}u(k)\\\text{迟滞 H}:H(x_{12}(k))=v(k)=\sum_{i=1}^{7}(1-g_{3i}(k))x_{12}(k)\\-\sum_{i=1}^{7}[(1-g_{3i}(k))D_{1i}g_{1i}(k)-(1-g_{3i}(k))D_{2i}g_{2i}(k)-g_{3i}(k)z_i(k-1)]\\\text{线性 L}_2:\begin{bmatrix}x_{21}(k+1)\\x_{22}(k+1)\end{bmatrix}=\begin{bmatrix}0.8 & 0\\0.01 & 0.9\end{bmatrix}\begin{bmatrix}x_{21}(k)\\x_{22}(k)\end{bmatrix}+\begin{bmatrix}0.25\\0\end{bmatrix}v(k)\\\text{输出}:\boldsymbol{y}(k)=\boldsymbol{C}\boldsymbol{x}(k)=[0\ \ 0\ \ 0\ \ 1][x_{11}\ \ x_{12}\ \ x_{21}\ \ x_{22}]^{\mathrm{T}}\end{cases}\tag{3-14}$$

仿真采样时间 $T=0.01$ s，迟滞环节由 $n=7$ 个间隙线性叠加而成，其中，各个间隙环节的参数如下，间隙参数为 $w_i=1$，$m_{1i}=m_{2i}=1$，$D_{1i}=D_{2i}=c_i/2(i=1,2,\cdots,7)$。间隙宽度分别为 $c_1=0.14$，$c_2=0.12$，$c_3=0.1$，$c_4=0.08$，$c_5=0.06$，$c_6=0.04$，$c_7=0.02$。

图 3.16 给出了仿真系统中采用间隙算子叠加后的迟滞输入-输出特性，由图 3.16可知间隙算子叠加得到的迟滞特性是显著的。

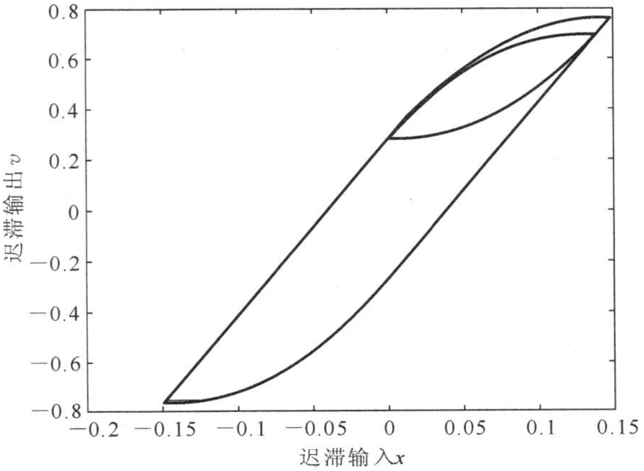

图 3.16　迟滞输入-输出特性

按照式(2-39)和式(2-40)的形式，将系统式(3-14)整合为

$$\boldsymbol{x}(k+1)=\boldsymbol{A}(k)\boldsymbol{x}(k)+\boldsymbol{B}u(k)+\boldsymbol{\eta}(k) \tag{3-15}$$

其中

$$\boldsymbol{A}(k)=\begin{bmatrix}0.8 & 0 & 0 & 0\\ 0.01 & 0.45 & 0 & 0\\ 0 & 0.25\sum_{i=1}^{7}(1-g_{3i}(k)) & 0.8 & 0\\ 0 & 0 & 0.01 & 0.9\end{bmatrix},\quad \boldsymbol{B}=\begin{bmatrix}0.4107\\0\\0\\0\end{bmatrix}$$

$$\boldsymbol{\eta}(k)=\left[0\quad 0\quad 0.25\sum_{i=1}^{7}((1-g_{3i}(k))(\frac{c_i}{2}g_{2i}(k)-\frac{c_i}{2}g_{1i}(k))+g_{3i}(k)v_i(k-1))\quad 0\right]^{\mathrm{T}}$$

$$\boldsymbol{y}(k)=\boldsymbol{C}\boldsymbol{x}(k)=[0\quad 0\quad 0\quad 1]\boldsymbol{x}(k)=[0\quad 0\quad 0\quad 1][x_{11}\quad x_{12}\quad x_{21}\quad x_{22}]^{\mathrm{T}}$$

根据式(3-13)，构造如下观测器

$$\begin{cases}\hat{\boldsymbol{x}}(k+1)=\hat{\boldsymbol{A}}(k)\hat{\boldsymbol{x}}(k)+\boldsymbol{B}u(k)+\hat{\boldsymbol{\eta}}(k)+\boldsymbol{K}(\boldsymbol{y}(k)-\hat{\boldsymbol{y}}(k))\\ \hat{\boldsymbol{y}}(k)=\boldsymbol{C}\hat{\boldsymbol{x}}(k)\end{cases} \tag{3-16}$$

其中，

$$\hat{\boldsymbol{A}}(k)=\begin{bmatrix}0.8 & 0 & 0 & 0\\ 0.01 & 0.45 & 0 & 0\\ 0 & 0.25\sum_{i=1}^{7}(1-\hat{g}_{3i}(k)) & 0.8 & 0\\ 0 & 0 & 0.01 & 0.9\end{bmatrix},\quad \boldsymbol{B}=\begin{bmatrix}0.4107\\0\\0\\0\end{bmatrix}$$

$$\hat{\boldsymbol{\eta}}(k)=\left[0\quad 0\quad 0.25\sum_{i=1}^{7}((1-\hat{g}_{3i}(k))(\frac{c_i}{2}\hat{g}_{2i}(k)-\frac{c_i}{2}\hat{g}_{1i}(k))+\hat{g}_{3i}(k)\hat{v}_i(k-1))\quad 0\right]^{\mathrm{T}}$$

根据式(3-16)及迟滞观测器的收敛定理，以及式(3-13)所表示的观测器：$\boldsymbol{x}_1$ 的系数矩阵 $\boldsymbol{A}_{11}$ 的特征值为$[0.8\quad 0.45]^{\mathrm{T}}$，在单位圆内，当增益矩阵 $\boldsymbol{K}=[0\quad 0\quad 0.1\quad 0.1]^{\mathrm{T}}$ 时，$\boldsymbol{K}_1=\boldsymbol{0}$，$\boldsymbol{x}_2$ 子系统的特征矩阵$(\boldsymbol{A}_{22}-\boldsymbol{K}_2\boldsymbol{C}_2)$的特征值为$[0.8000+\mathrm{i}0.0316\quad 0.8000-\mathrm{i}0.0316]^{\mathrm{T}}$，在单位圆内，因此满足定理给出的观测器收敛条件。设观测器的初始值为$\hat{\boldsymbol{x}}(0)=[5\quad 0.2\quad 0.5\quad 0.02]^{\mathrm{T}}$，真实初始值为 $\boldsymbol{x}(0)=[0\quad 0\quad 0\quad 0]^{\mathrm{T}}$，仿真结果如图 3.17 所示。图中，实线表示状态的真实值，虚线表示状态的估计值。由图 3.17 可见，非光滑状态估计观测器能够快速、准确地跟踪系统的各个状态变量真实值。

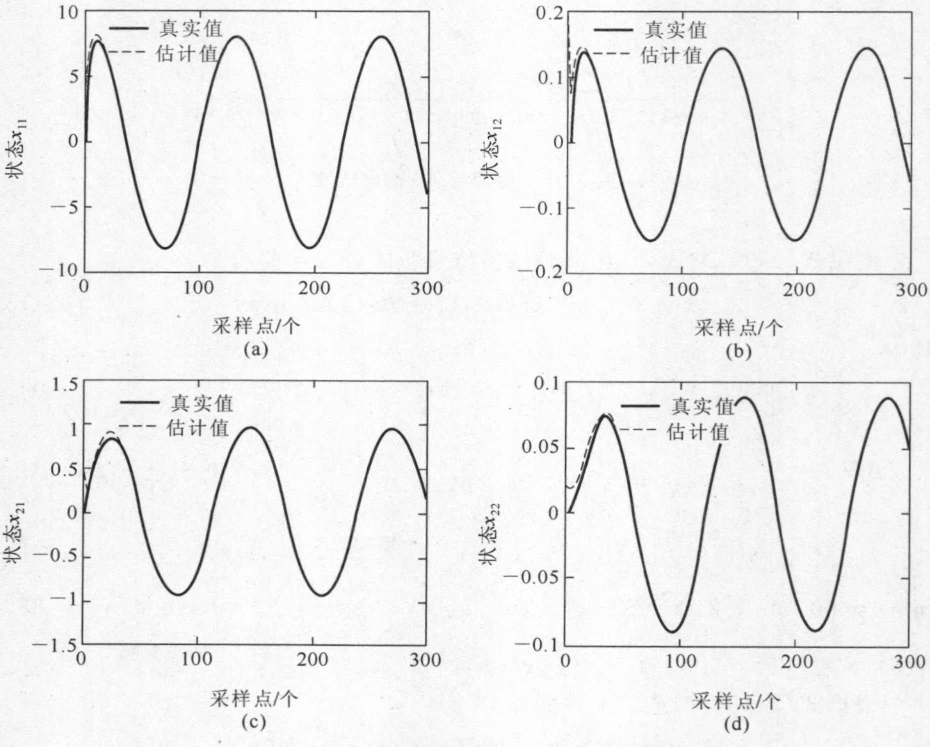

图 3.17　非光滑状态估计观测器跟踪效果

与此同时，这里采用传统的观测器在相同的条件下进行比较，以验证非光滑状态估计观测器的有效性。由于传统的观测器设计忽略迟滞的影响，因此所构建的观测器是光滑的，那么原来的三明治系统模型蜕变成了由两个线性环节和一个比例环节串联而成的系统。相应的观测器具有如下形式

$$\hat{\boldsymbol{x}}(k+1)=\boldsymbol{A}\hat{\boldsymbol{x}}(k)+\boldsymbol{B}u(k)+\boldsymbol{K}_l(\boldsymbol{y}(k)-\hat{\boldsymbol{y}}(k))\tag{3-17}$$

若取 $\boldsymbol{K}_l=[0\quad 0\quad 0.1\quad 0.1]^{\mathrm{T}}$，由文献[66]可知，观测器满足收敛条件。图 3.18给出了传统观测器对各个状态变量的估计情况。

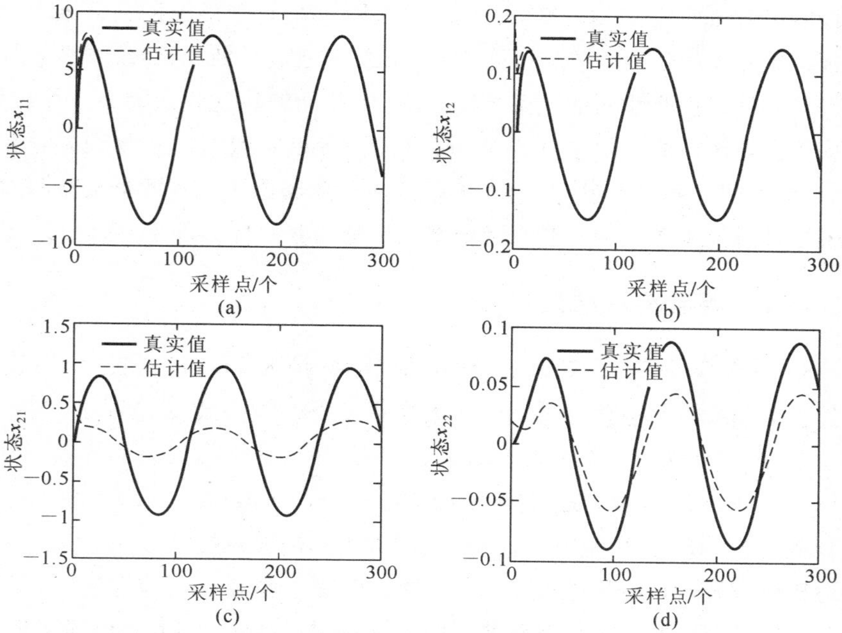

图 3.18　传统观测器跟踪效果

由图 3.18 可见，传统观测器对状态的估计效果明显不如本节所提出的非光滑状态估计观测器。特别是对状态 x_{21}、x_{22} 的估计出现了很大的偏差。为了进一步比较两种观测器对各个状态估计效果，图 3.19 给出了两类观测器对各个状

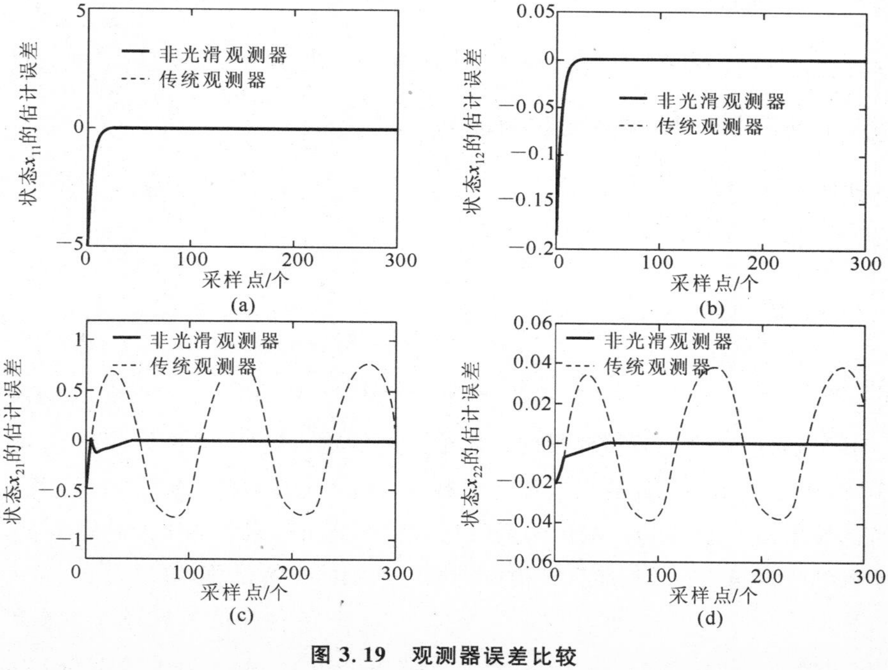

图 3.19　观测器误差比较

态估计的误差值曲线，其中，实线表示非光滑状态估计观测器的估计误差，虚线表示传统观测器的估计误差。从图 3.19 可以清楚地看到，与传统观测器比较，非光滑状态估计观测器的估计误差要小得多，并能较快地收敛为零。而传统观测器由于没有考虑非光滑非线性环节的作用，所以对状态的估计误差也较大。因此，从状态估计效果上说，非光滑状态估计观测器比传统观测器要好得多，这也反映了针对这类系统构建非光滑状态估计观测器的意义所在。

3.4.4　迟滞实验结果

采用 PI 公司的 PZT-753.21C 压电陶瓷微位移执行器（见图 3.20）来验证本章所提出的非光滑状态估计观测器的跟踪效果，额定电压输入范围是 0～10 V，额定输出位移为 0～10 μm。数据采集系统由 Advantech 公司生产的 PCI-1716L 和 PCI-1723 构成，在 Windows98 下采用 Borland C 3.1 编写采集程序，采集频率为 30 kHz。实验中，L_1 描述电压放大和滤波器的特性，阶数为一阶，H 则描述压电陶瓷的迟滞压电效应，L_2 描述柔性铰链位移放大装置的特性，阶数为二阶。文献[68]对以上带迟滞的三明治系统进行了辨识，本章根据文献[68]辨识出的系统输入-输出模型建立了描述系统的状态空间方程

$$
\begin{cases}
\text{线性 } L_1\text{：}[x_{11}(k+1)] = [0.223][x_{11}(k)] + [0.162]u(k) \\
\text{迟滞 H：}H(x_{11}(k)) = v(k) = \sum_{i=1}^{n} w_i(1-g_{3i}(k))m_i x_{11}(k) \\
-\sum_{i=1}^{n} w_i[(1-g_{3i}(k))m_i D_{1i} g_{1i}(k) - (1-g_{3i}(k))m_i D_{2i} g_{2i}(k) - g_{3i}(k) z_i(k-1)] \\
\text{其中，迟滞由 50 个间隙线性叠加而成，} n = 50 \\
\text{线性 } L_2\text{：}\begin{bmatrix} x_{21}(k+1) \\ x_{22}(k+1) \end{bmatrix} = \begin{bmatrix} 1.405 & -0.706 \\ 1 & 0 \end{bmatrix} \begin{bmatrix} x_{21}(k) \\ x_{22}(k) \end{bmatrix} + \begin{bmatrix} 1.293 \\ 0.92 \end{bmatrix} v(k) \\
\text{输出方程：}\boldsymbol{y}(k) = [0 \quad 0 \quad 1] \begin{bmatrix} x_{11} \\ x_{21} \\ x_{22} \end{bmatrix}
\end{cases}
\tag{3-18}
$$

其中，$u(k)$表示能直接测量的三明治系统的输入电压，单位为 V。x_{11} 是 L_1 环节的输出；表示的是经放大器和过滤器后的输入电压，单位为 V。$v(k)$是迟滞环节的输出；x_{21} 是由输入/输出模型转化为状态空间模型时的中间状态变量，没有明确的物理意义；x_{22} 是能直接测量的压电陶瓷的最终位移，单位为 μm。

根据式(3-18)可知：该三明治系统的 $\boldsymbol{A}_{11}$ 矩阵的特征值为[0.223]，在单位圆内，当增益矩阵为 $\boldsymbol{K}=[0 \quad 0.9 \quad 0.9]^{\mathrm{T}}$ 时，$\boldsymbol{K}_1=\boldsymbol{0}$ 且($\boldsymbol{A}_{22}-\boldsymbol{K}_2\boldsymbol{C}_{22}$)的特征值为

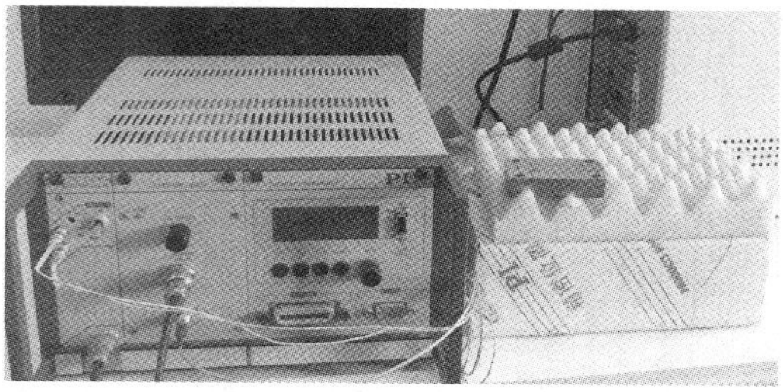

图 3.20　压电陶瓷执行器(PEA)

$[0.2525+i0.5270 \quad 0.2525-i0.5270]^T$,均在单位圆内,因此,满足 3.2 节中非光滑状态估计观测器收敛定理的条件。因此,根据 3.2 节中的收敛定理可知:若采用如式(3-13)所示的观测器,当取观测器的增益矩阵 $\boldsymbol{K}=[0 \quad 0.98 \quad 0.98]^T$ 时,该系统的估计值是将最终收敛到其真实值的。为了进一步说明非光滑状态估计观测器的有效性,这里构造了传统观测器与之比较。在传统观测器中,忽略死区的作用,并将死区看作是一个单位比例环节。因此,传统观测器如下

$$\hat{\boldsymbol{x}}(k+1)=\boldsymbol{A}_1\hat{\boldsymbol{x}}(k)+\boldsymbol{B}u(k)+\boldsymbol{K}_l(\boldsymbol{y}(k)-\hat{\boldsymbol{y}}(k)) \tag{3-19}$$

取 $\boldsymbol{K}_l=[0 \quad 0.98 \quad 0.98]^T$,根据文献[66],该传统观测器收敛。

同时,设定两类观测器的状态初始值都为 $\hat{\boldsymbol{x}}(0)=[0.1,0.1,2]^T$。输入电压的函数表达式为

$$u(t)=A_{\max}e^{-\alpha kT}[\sin(2\pi fkT+\varphi)+1]+\phi$$

其中,$A_{\max}=3$ V,$\alpha=1$,$f=100$ Hz,$T=1/30000$ s,$\varphi=0$ rad/s,$\phi=1$ V。

输入电压的曲线如图 3.21 所示。非光滑状态估计观测器的迟滞的输入/输出特性如图 3.22 所示。由图 3.22 可知,非光滑状态估计观测器估计的迟滞特性是显著的。另外,图 3.23和图 3.24 分别给出了采用非光滑状态估计观测器和传统观测器的状态估计效果(实线表示真实值,虚线表示估计值)。从图 3.23 可见,非光滑状态估计观测器能够准确快速地跟踪输出状态,而从图 3.24 可见,由于忽略了迟滞的影响,传统观测器无法准确、快速地跟踪输出状态。

图 3.25(a)表示的是采用非光滑状态估计观测器时的迟滞三明治系统的输入/输出特性,图 3.25(b)表示的是采用传统观测器时的迟滞三明治系统的输入/输出特性。比较可见,图 3.25(a)的虚线与实线贴合得更紧密,也就是说,采用非光滑状态估计观测器时,估计的效果与真实情况更接近。因此,与传统观测器比较,非光滑状态估计观测器能够更准确地估计出实际的输入/输出特性。

为了更清晰地说明两类观测器状态估计效果的差别,图 3.26 给出了两类观测器估计误差的比较。从图 3.26 可以看出,非光滑观测器的估计误差在零线附近振荡,但是幅值较小,而传统观测器的估计误差以较大的幅值在零线上方振

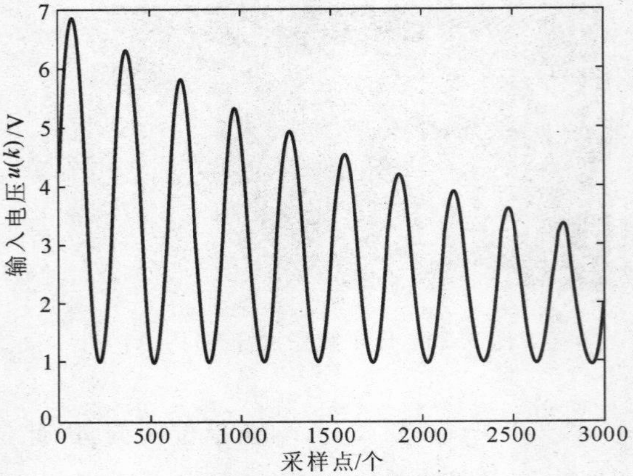

图 3.21 输入电压

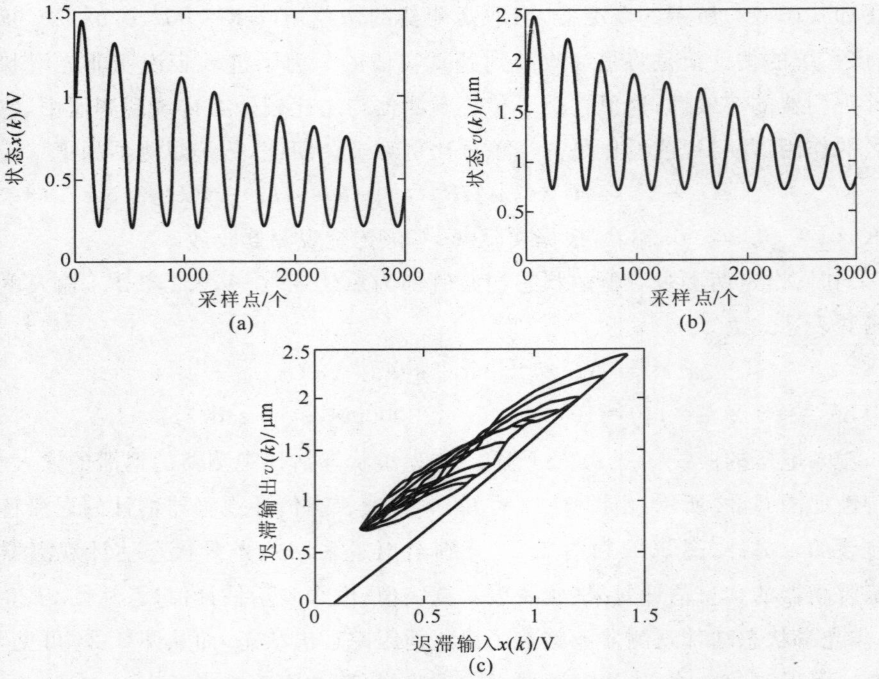

图 3.22 非光滑状态估计观测器估计的迟滞输入/输出特性

荡。在观测器进入稳态后，非光滑状态估计观测器的最大绝对误差约为 6%，而传统观测器的最大绝对误差约为 34%。

因此，无论从估计精度或速度上说，构造非光滑状态估计观测器对迟滞三明治系统进行状态估计都是非常必要的。由图 3.26 可见，即使采用非光滑状态估计观测器仍存在估计误差。但值得注意的是：产生该误差的原因是辨识模型本身的模型误差和外部干扰。对于由模型误差和外部干扰引起的估计误差，将在构造的鲁棒观测器中予以解决。

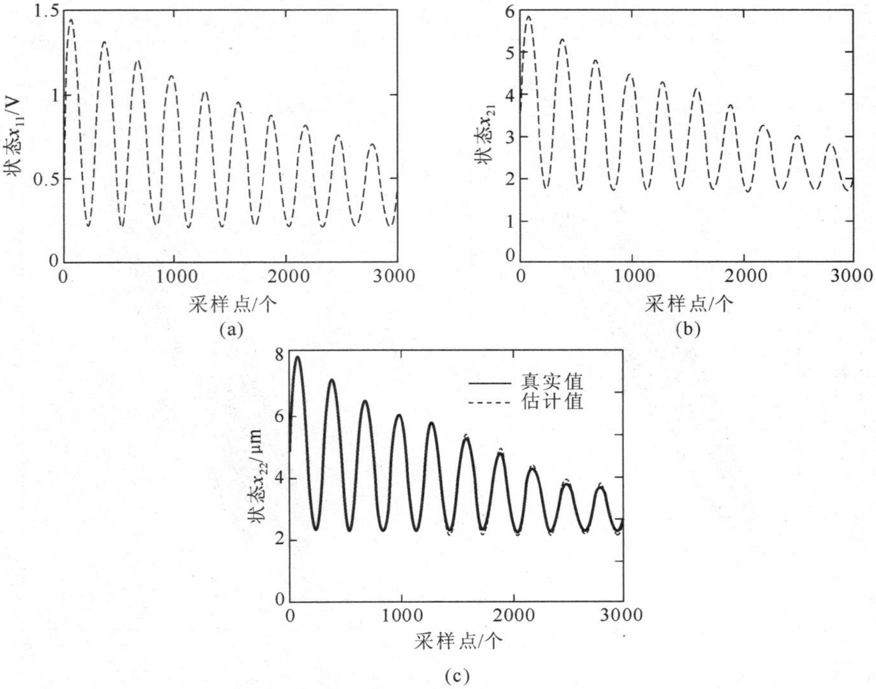

图 3.23　非光滑状态估计观测器的状态估计效果

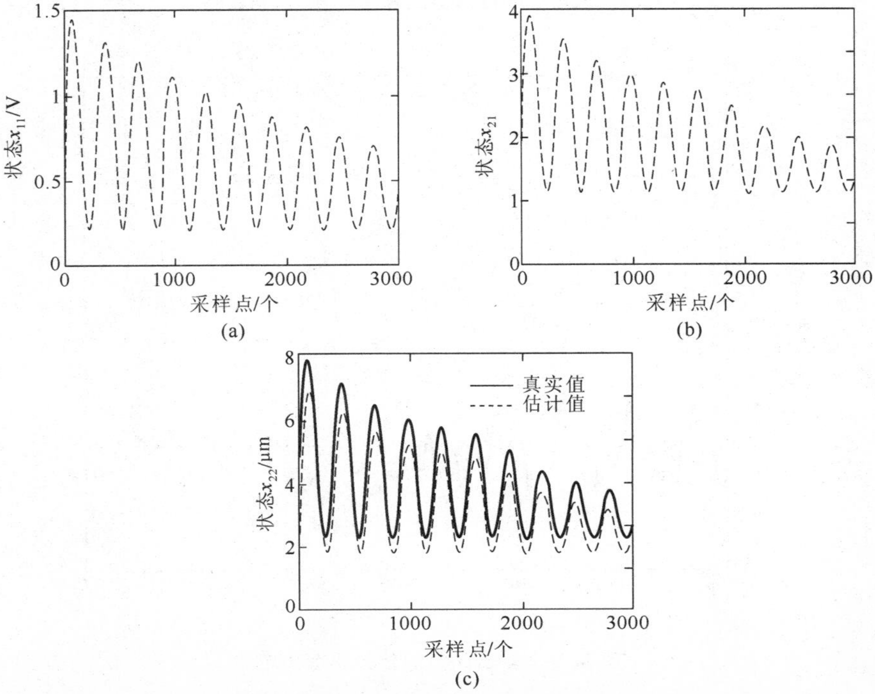

图 3.24　传统观测器的状态估计效果

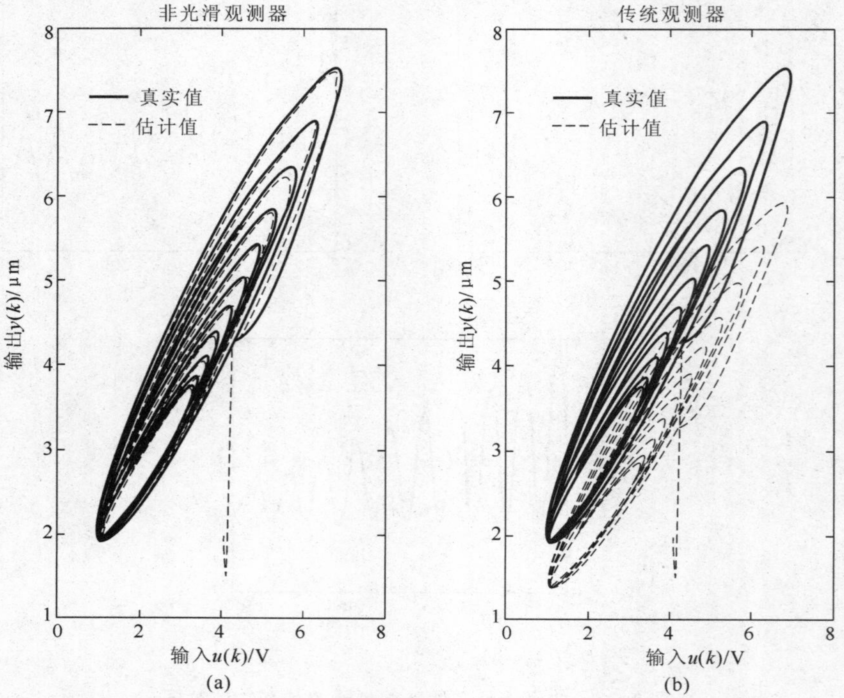

图 3.25　迟滞三明治的真实和估计输入/输出特性

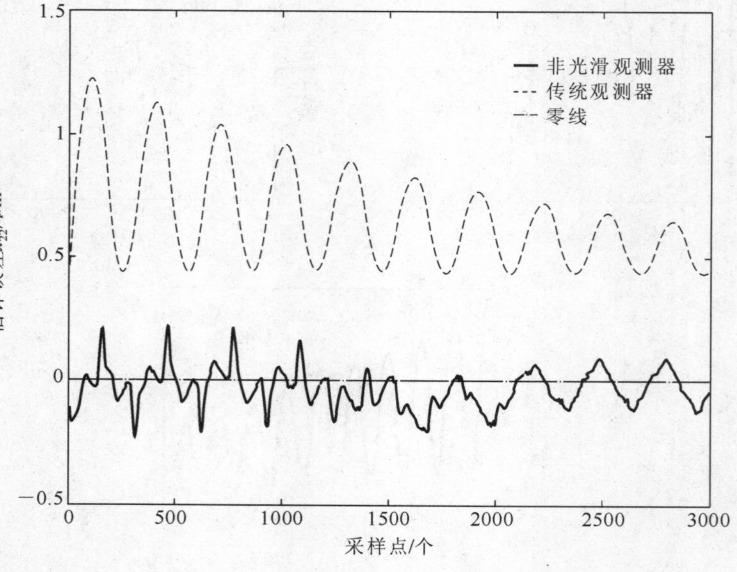

图 3.26　输出 $x_{22}(y)$ 估计误差比较

3.5 结　　论

由于非光滑三明治系统的复杂性,采用传统的状态观测器难以获得令人满意的估计效果。本章根据第 2 章提出的非光滑状态空间方程,构造了一种非光滑状态估计观测器以估计这类系统的状态。采取由简单到复杂的顺序,在分析清楚三者逻辑关系的基础上,依次介绍了死区、间隙和迟滞非光滑状态估计观测器的结构和设计原则。

各类非光滑三明治系统的仿真和实验结果都表明本章提出的非光滑状态估计观测器能够快速、准确跟踪系统的状态,与传统的观测器相比,非光滑状态估计观测器获得了较快和更准确的状态估计效果。

第 4 章　软测量观测器的收敛性分析

4.1　引　　言

非光滑状态估计观测器的收敛性分析和证明是观测器设计和应用中十分重要的一个问题，因为它给出了观测器的应用条件和理论依据。特别是对于新构建的非光滑状态估计观测器，其收敛性的证明与过去观测器收敛性证明完全不同，除了考虑起始估计误差外，还必须考虑观测器在不同工作区间切换时由于估计区间不正确造成的误差，因此，本章由简单到复杂，分别对第 3 章中给出的死区、间隙和迟滞非光滑状态估计观测器的收敛性进行分析并对相应的定理予以证明。

4.2　死区三明治系统的非光滑状态估计观测器收敛性分析

与间隙和迟滞三明治系统比较，死区三明治系统是较为简单的非光滑三明治系统，系统在各个工作区间之间的切换只与死区的输入有关。因此，对死区非光滑状态估计观测器收敛性的分析是后面更复杂的间隙和迟滞非光滑状态估计观测器分析的基础。

4.2.1　估计误差分析

根据式(2-14)可知，死区非光滑三明治系统的状态空间方程为

$$\boldsymbol{x}(k+1)=\boldsymbol{A}_i\boldsymbol{x}(k)+\boldsymbol{B}u(k)+\boldsymbol{\eta}_i \quad (i=1,2,3) \tag{4-1}$$

根据式(3-1)可知，死区非光滑状态估计观测器为

$$\begin{cases}\hat{\boldsymbol{x}}(k+1)=\boldsymbol{A}_j\hat{\boldsymbol{x}}(k)+\boldsymbol{B}u(k)+\boldsymbol{\eta}_j+\boldsymbol{K}(\boldsymbol{y}(k)-\hat{\boldsymbol{y}}(k)) \quad (j=1,2,3)\\ \hat{\boldsymbol{y}}(k)=\boldsymbol{C}\hat{\boldsymbol{x}}(k)\end{cases} \tag{4-2}$$

其中，

$$j=\begin{cases}1, & \hat{x}_{1n_1}(k)>D_1\\ 2, & -D_2\leqslant\hat{x}_{1n_1}(k)\leqslant D_1\\ 3, & \hat{x}_{1n_1}(k)<-D_2\end{cases}$$

增益矩阵

$$\boldsymbol{K}=\begin{bmatrix}\boldsymbol{K}_1\\ \boldsymbol{K}_2\end{bmatrix},\quad \boldsymbol{K}_1\in\mathbf{R}^{n_1\times 1},\quad \boldsymbol{K}_2\in\mathbf{R}^{n_2\times 1}$$

根据式(4-1)和式(4-2)，对死区三明治系统的非光滑状态估计观测器收敛性做如下分析：由于系统只有输入 $u(k)$ 和输出 $y(k)$ 可测，决定系统工作区间的状态变量 x_{1n_1} 是不可测的，因此观测器只能根据估计状态 $\hat{x}_{1n_1}$ 进行切换。而在初始阶段由于观测器给定的初始值与实际系统的真实值之间可能存在误差，因此，观测器在初始阶段有可能出现估计区间错误的情况，从而引起较大的估计误差。例如，有可能出现这样的情况：系统实际工作在 1 区，而由于观测器对 x_{1n_1} 的估计不准确，误判系统工作在 2 区。所以无论对系数矩阵还是对死区向量而言都有可能存在估计误差。因此，在求观测器误差动态转移关系时，应该考虑到这个问题。

用式(4-1)减去式(4-2)，并考虑观测器可能存在的区间估计误差，可得死区非光滑状态估计观测器的估计误差

$$\boldsymbol{e}(k+1)=\boldsymbol{F}_g\boldsymbol{e}(k)+\Delta\boldsymbol{A}_{sg}\boldsymbol{x}(k)+\Delta\boldsymbol{\eta}_{sg} \tag{4-3}$$

$$\boldsymbol{F}_g=(\boldsymbol{A}_{g(k)}-\boldsymbol{KC}),\quad \Delta\boldsymbol{A}_{sg}=\boldsymbol{A}_{s(k)}-\boldsymbol{A}_{g(k)}$$

$$\Delta\boldsymbol{\eta}_{sg}=\boldsymbol{\eta}_{s(k)}-\boldsymbol{\eta}_{g(k)},\quad g(k)\in\{1,2,3\},\quad s(k)\in\{1,2,3\}$$

其中，$g(k)$ 表示观测器所在区间序号，$s(k)$ 表示系统所在区间序号，例如，观测器估计系统工作在 1 区，而系统实际工作在 2 区，那么 $g(k)=1$，$s(k)=2$。

由式(4-3)可知

$$\begin{aligned}\boldsymbol{e}(k+1)&=\boldsymbol{F}_g\boldsymbol{e}(k)+\Delta\boldsymbol{A}_{sg}\boldsymbol{x}(k)+\Delta\boldsymbol{\eta}_{sg}\\ &=(\boldsymbol{A}_{g(k)}-\boldsymbol{KC})\boldsymbol{e}(k)+(\boldsymbol{A}_{s(k)}-\boldsymbol{A}_{g(k)})\boldsymbol{x}(k)+(\boldsymbol{\eta}_{s(k)}-\boldsymbol{\eta}_{g(k)})\end{aligned}$$

按子状态 $\boldsymbol{x}_1$ 和子状态 $\boldsymbol{x}_2$ 的分块矩阵形式代入式(4-3)，并做分块矩阵运算，可得

$$\begin{bmatrix}\boldsymbol{e}_1(k+1)\\ \boldsymbol{e}_2(k+1)\end{bmatrix}=\begin{bmatrix}\boldsymbol{A}_{11} & -\boldsymbol{K}_1\boldsymbol{C}_{22}\\ \boldsymbol{A}_{21g(k)} & \boldsymbol{A}_{22}-\boldsymbol{K}_2\boldsymbol{C}_{22}\end{bmatrix}\begin{bmatrix}\boldsymbol{e}_1(k)\\ \boldsymbol{e}_2(k)\end{bmatrix}+\begin{bmatrix}\boldsymbol{0} & \boldsymbol{0}\\ \Delta\boldsymbol{A}_{21sg} & \boldsymbol{0}\end{bmatrix}\begin{bmatrix}\boldsymbol{x}_1(k)\\ \boldsymbol{x}_2(k)\end{bmatrix}+\begin{bmatrix}\boldsymbol{0}\\ \Delta\boldsymbol{\theta}_{22sg}\end{bmatrix} \tag{4-4}$$

具体推导过程如下

$$\boldsymbol{e}(k+1)=(\boldsymbol{A}_{g(k)}-\boldsymbol{KC})\boldsymbol{e}(k)+(\boldsymbol{A}_{s(k)}-\boldsymbol{A}_{g(k)})\boldsymbol{x}(k)+(\boldsymbol{\eta}_{s(k)}-\boldsymbol{\eta}_{g(k)})\Rightarrow$$

$$\begin{bmatrix}\boldsymbol{e}_1(k+1)\\ \boldsymbol{e}_2(k+1)\end{bmatrix}=(\begin{bmatrix}\boldsymbol{A}_{11} & \boldsymbol{0}\\ \boldsymbol{A}_{21g(k)} & \boldsymbol{A}_{22}\end{bmatrix}-\begin{bmatrix}\boldsymbol{K}_1\\ \boldsymbol{K}_2\end{bmatrix}[\boldsymbol{C}_{11}\quad \boldsymbol{C}_{22}])\begin{bmatrix}\boldsymbol{e}_1(k)\\ \boldsymbol{e}_2(k)\end{bmatrix}$$

$$+\begin{bmatrix}\boldsymbol{0} & \boldsymbol{0}\\ \boldsymbol{A}_{21s(k)}-\boldsymbol{A}_{21g(k)} & \boldsymbol{0}\end{bmatrix}\begin{bmatrix}\boldsymbol{x}_1(k)\\ \boldsymbol{x}_2(k)\end{bmatrix}+\begin{bmatrix}\boldsymbol{0}\\ \boldsymbol{\theta}_{22s(k)}-\boldsymbol{\theta}_{22g(k)}\end{bmatrix}$$

$$=(\begin{bmatrix}\boldsymbol{A}_{11} & \boldsymbol{0}\\ \boldsymbol{A}_{21g(k)} & \boldsymbol{A}_{22}\end{bmatrix}-\begin{bmatrix}\boldsymbol{K}_1\boldsymbol{C}_{11} & \boldsymbol{K}_1\boldsymbol{C}_{22}\\ \boldsymbol{K}_2\boldsymbol{C}_{11} & \boldsymbol{K}_2\boldsymbol{C}_{22}\end{bmatrix})\begin{bmatrix}\boldsymbol{e}_1(k)\\ \boldsymbol{e}_2(k)\end{bmatrix}$$

$$+\begin{bmatrix}\boldsymbol{0} & \boldsymbol{0}\\ \boldsymbol{A}_{21s(k)}-\boldsymbol{A}_{21g(k)} & \boldsymbol{0}\end{bmatrix}\begin{bmatrix}\boldsymbol{x}_1(k)\\ \boldsymbol{x}_2(k)\end{bmatrix}+\begin{bmatrix}\boldsymbol{0}\\ \boldsymbol{\theta}_{22s(k)}-\boldsymbol{\theta}_{22g(k)}\end{bmatrix}$$

由式(2-13)可知 $\boldsymbol{C}_{11}=\boldsymbol{0}$，因此式(4-4)成立。

由式(4-4)分别给出子状态 $\boldsymbol{x}_1$ 和子状态 $\boldsymbol{x}_2$ 的观测器的误差动态转移方程，即

$$\boldsymbol{e}_1(k+1)=\boldsymbol{A}_{11}\boldsymbol{e}_1(k)-\boldsymbol{K}_1\boldsymbol{C}_{22}\boldsymbol{e}_2(k) \tag{4-5}$$

$$\boldsymbol{e}_2(k+1)=\boldsymbol{A}_{21g(k)}\boldsymbol{e}_1(k)+(\boldsymbol{A}_{22}-\boldsymbol{K}_2\boldsymbol{C}_{22})\boldsymbol{e}_2(k)+\Delta\boldsymbol{A}_{21sg}\boldsymbol{x}_1(k)+\Delta\boldsymbol{\theta}_{22sg} \tag{4-6}$$

$$\Delta\boldsymbol{A}_{21sg}=\boldsymbol{A}_{21s(k)}-\boldsymbol{A}_{21g(k)},\quad \Delta\boldsymbol{\theta}_{22sg}=\boldsymbol{\theta}_{22s(k)}-\hat{\boldsymbol{\theta}}_{22g(k)},\quad g(k)\in\{1,2,3\}$$

$$s(k)\in\{1,2,3\},\quad \boldsymbol{e}(k)=\boldsymbol{x}(k)-\hat{\boldsymbol{x}}(k)$$

其中，$\boldsymbol{x}(k)$表示观测器对状态的估计值，$\hat{\boldsymbol{x}}(k)$表示观测器对输出的估计值，$\boldsymbol{e}(k)$表示观测器的估计误差。

4.2.2　收敛性定理

对于如式(4-1)所示的死区三明治系统

$$\begin{bmatrix}\boldsymbol{x}_1(k+1)\\ \boldsymbol{x}_2(k+1)\end{bmatrix}=\begin{bmatrix}\boldsymbol{A}_{11} & \boldsymbol{0}\\ \boldsymbol{A}_{21i} & \boldsymbol{A}_{22}\end{bmatrix}\begin{bmatrix}\boldsymbol{x}_1(k)\\ \boldsymbol{x}_2(k)\end{bmatrix}+\begin{bmatrix}\boldsymbol{B}_{11}\\ \boldsymbol{0}\end{bmatrix}u(k)+\begin{bmatrix}\boldsymbol{0}\\ \boldsymbol{\theta}_{22i}\end{bmatrix}$$

$$\boldsymbol{y}(k)=\boldsymbol{C}\boldsymbol{x}(k)=[\boldsymbol{C}_{11}\quad \boldsymbol{C}_{22}]\boldsymbol{x}(k),\quad i=1,2,3$$

其中，$\boldsymbol{0}$ 表示具有相应阶数的零矩阵，$\boldsymbol{C}_{11}=[0\ \cdots\ 0\ 0]\in\mathbf{R}^{1\times n_1}$，$\boldsymbol{C}_{22}=[0\ \cdots\ 0\ 1]\in\mathbf{R}^{1\times n_2}$。反馈矩阵可分解为

$$\boldsymbol{K}=\begin{bmatrix}\boldsymbol{K}_1\\ \boldsymbol{K}_2\end{bmatrix},\quad \boldsymbol{K}_1\in\mathbf{R}^{n_1\times 1},\quad \boldsymbol{K}_2\in\mathbf{R}^{n_2\times 1}$$

设死区三明治系统满足如下条件。

(1) 系统子状态 $\boldsymbol{x}_1$ 有界限，即 $\forall k$，$\|\boldsymbol{x}_1(k)\|_m\leqslant x_b$，$x_b\geqslant 0$ 为给定的常数。

(2) 观测器初始误差 $\boldsymbol{e}_1$ 亦有界，即 $\|\boldsymbol{e}_1(1)\|_m\leqslant e_b$，$e_b\geqslant 0$ 为给定的常数。

(3) 子系统 $\boldsymbol{x}_1$ 的系数矩阵 $\boldsymbol{A}_{11}$ 的特征值均在单位圆内且 $\boldsymbol{K}_1=\boldsymbol{0}$。

(4) 子系统 $\boldsymbol{x}_2$ 的系数矩阵 $\boldsymbol{A}_{22}$ 与对应的子增益矩阵 $\boldsymbol{K}_2$ 构成的特征矩阵 $(\boldsymbol{A}_{22}-\boldsymbol{K}_2\boldsymbol{C}_{22})$ 的特征值均在单位圆内，则式(4-2)所示的观测器的估计误差最终收敛到零。定理证明见附录 A。

4.3 间隙三明治系统的非光滑状态估计观测器收敛性分析

与死区三明治系统比较，间隙三明治系统更为复杂，它的工作区间不仅与间隙前的输入有关，还与间隙前一个时刻的输入和输出有关，具有一定的动态特性。因此，对间隙非光滑状态估计观测器收敛性的分析情况要比死区的更复杂。

4.3.1 估计误差分析

根据式(2-28)可知，间隙非光滑三明治系统的状态空间方程为

$$\boldsymbol{x}(k+1)=\boldsymbol{A}_i\boldsymbol{x}(k)+\boldsymbol{B}u(k)+\boldsymbol{\eta}_i,\quad (i=1,2,3) \tag{4-7}$$

根据式(3-12)可知，间隙非光滑状态估计观测器为

$$\hat{\boldsymbol{x}}(k+1)=\boldsymbol{A}_j\hat{\boldsymbol{x}}(k)+\boldsymbol{B}u(k)+\hat{\boldsymbol{\eta}}_j+\boldsymbol{K}(\boldsymbol{y}(k)-\hat{\boldsymbol{y}}(k)),\quad (j=1,2,3) \tag{4-8}$$

$$j=\begin{cases}1, & \hat{x}_{1n_1}(k)>\dfrac{\hat{v}(k-1)}{m_1}+D_1,\quad \Delta\hat{x}_{1n_1}(k)>0\\ 2, & \text{其他}\\ 3, & \hat{x}_{1n_1}(k)<\dfrac{\hat{v}(k-1)}{m_2}-D_2,\quad \Delta\hat{x}_{1n_1}(k)<0\end{cases},\ \hat{\boldsymbol{y}}(k)=\boldsymbol{C}\hat{\boldsymbol{x}}(k)$$

其中，$\hat{\boldsymbol{\eta}}_j=\begin{bmatrix}\boldsymbol{0}\\ \hat{\boldsymbol{\theta}}_{22j}\end{bmatrix}$，$\hat{\boldsymbol{\theta}}_{22j}=\begin{cases}-\boldsymbol{B}_{22}m_1D_1, & j=1\\ \boldsymbol{B}_{22}\hat{v}(k-1), & j=2\\ \boldsymbol{B}_{22}m_2D_2, & j=3\end{cases}$，增益矩阵 $\boldsymbol{K}=\begin{bmatrix}\boldsymbol{K}_1\\ \boldsymbol{K}_2\end{bmatrix}$，$\boldsymbol{K}_1\in\mathbf{R}^{n_1\times 1}$，$\boldsymbol{K}_2\in\mathbf{R}^{n_2\times 1}$。

值得注意的是：由于系统只有输入 $u(k)$ 和输出 $y(k)$ 可测，决定系统工作区间的状态变量 x_{1n_1}、Δx_{1n_1} 和 v 是不可测的，因此观测器只能根据估计状态 $\hat{x}_{1n_1}$、$\Delta\hat{x}_{1n_1}$ 和 $\hat{v}$ 进行切换。而在初始阶段由于观测器给定的初始值与实际系统的真实值之间可能存在误差，因此，观测器在初始阶段有可能出现估计区间错误的情况，从而引起较大估计误差。例如，有可能出现这样的情况：系统实际工作在 1

区，而由于观测器对 x_{1n_1}、Δx_{1n_1} 和 v 的估计不准确，误判系统工作在 2 区。所以无论对系数矩阵还是对间隙向量而言，都有可能存在估计误差。因此，在求观测器误差动态转移关系时，应该考虑到这个问题。

用式(4-7)减去式(4-8)，并考虑观测器可能存在的区间估计误差，可得间隙非光滑状态估计观测器的估计误差为

$$\boldsymbol{e}(k+1)=\boldsymbol{F}_g\boldsymbol{e}(k)+\Delta\boldsymbol{A}_{sg}\boldsymbol{x}(k)+\Delta\boldsymbol{\eta}_{sg} \tag{4-9}$$

$\boldsymbol{F}_g=(\boldsymbol{A}_{g(k)}-\boldsymbol{KC})$，$\Delta\boldsymbol{A}_{sg}=\boldsymbol{A}_{s(k)}-\boldsymbol{A}_{g(k)}$，$\Delta\boldsymbol{\eta}_{sg}=\boldsymbol{\eta}_{s(k)}-\hat{\boldsymbol{\eta}}_{g(k)}$，$g(k)\in\{1,2,3\}$，$s(k)\in\{1,2,3\}$

其中，$g(k)$表示观测器所在区间序号，$s(k)$表示系统所在区间序号，例如，观测器在 1 区，而系统在 2 区，那么 $g(k)=1$，$s(k)=2$。

由式(4-9)可知

$$\begin{aligned}\boldsymbol{e}(k+1)&=\boldsymbol{F}_g\boldsymbol{e}(k)+\Delta\boldsymbol{A}_{sg}\boldsymbol{x}(k)+\Delta\boldsymbol{\eta}_{sg}\\&=(\boldsymbol{A}_{g(k)}-\boldsymbol{KC})\boldsymbol{e}(k)+(\boldsymbol{A}_{s(k)}-\boldsymbol{A}_{g(k)})\boldsymbol{x}(k)+(\boldsymbol{\eta}_{s(k)}-\hat{\boldsymbol{\eta}}_{g(k)})\end{aligned}$$

按子状态 $\boldsymbol{x}_1$ 和子状态 $\boldsymbol{x}_2$ 的分块矩阵形式代入式(4-9)，并做分块矩阵运算，可得

$$\begin{aligned}&\boldsymbol{e}(k+1)=(\boldsymbol{A}_{g(k)}-\boldsymbol{KC})\boldsymbol{e}(k)+(\boldsymbol{A}_{s(k)}-\boldsymbol{A}_{g(k)})\boldsymbol{x}(k)+(\boldsymbol{\eta}_{s(k)}-\hat{\boldsymbol{\eta}}_{g(k)})\Rightarrow\\&\begin{bmatrix}\boldsymbol{e}_1(k+1)\\\boldsymbol{e}_2(k+1)\end{bmatrix}=\left(\begin{bmatrix}\boldsymbol{A}_{11}&\boldsymbol{0}\\\boldsymbol{A}_{21g(k)}&\boldsymbol{A}_{22}\end{bmatrix}-\begin{bmatrix}\boldsymbol{K}_1\\\boldsymbol{K}_2\end{bmatrix}\begin{bmatrix}\boldsymbol{C}_{11}&\boldsymbol{C}_{22}\end{bmatrix}\right)\begin{bmatrix}\boldsymbol{e}_1(k)\\\boldsymbol{e}_2(k)\end{bmatrix}\\&\qquad+\begin{bmatrix}\boldsymbol{0}&\boldsymbol{0}\\\boldsymbol{A}_{21s(k)}-\boldsymbol{A}_{21g(k)}&\boldsymbol{0}\end{bmatrix}\begin{bmatrix}\boldsymbol{x}_1(k)\\\boldsymbol{x}_2(k)\end{bmatrix}+\begin{bmatrix}\boldsymbol{0}\\\boldsymbol{\theta}_{22s(k)}-\hat{\boldsymbol{\theta}}_{22g(k)}\end{bmatrix}\\&\quad=\left(\begin{bmatrix}\boldsymbol{A}_{11}&\boldsymbol{0}\\\boldsymbol{A}_{21g(k)}&\boldsymbol{A}_{22}\end{bmatrix}-\begin{bmatrix}\boldsymbol{K}_1\boldsymbol{C}_{11}&\boldsymbol{K}_1\boldsymbol{C}_{22}\\\boldsymbol{K}_2\boldsymbol{C}_{11}&\boldsymbol{K}_2\boldsymbol{C}_{22}\end{bmatrix}\right)\begin{bmatrix}\boldsymbol{e}_1(k)\\\boldsymbol{e}_2(k)\end{bmatrix}\\&\qquad+\begin{bmatrix}\boldsymbol{0}&\boldsymbol{0}\\\boldsymbol{A}_{21s(k)}-\boldsymbol{A}_{21g(k)}&\boldsymbol{0}\end{bmatrix}\begin{bmatrix}\boldsymbol{x}_1(k)\\\boldsymbol{x}_2(k)\end{bmatrix}+\begin{bmatrix}\boldsymbol{0}\\\boldsymbol{\theta}_{22s(k)}-\hat{\boldsymbol{\theta}}_{22g(k)}\end{bmatrix}\end{aligned} \tag{4-10}$$

由式(2-27)可知 $\boldsymbol{C}_{11}=\boldsymbol{0}$，根据式(4-10)得

$$\begin{aligned}\begin{bmatrix}\boldsymbol{e}_1(k+1)\\\boldsymbol{e}_2(k+1)\end{bmatrix}&=\begin{bmatrix}\boldsymbol{A}_{11}&-\boldsymbol{K}_1\boldsymbol{C}_{22}\\\boldsymbol{A}_{21g(k)}&\boldsymbol{A}_{22}-\boldsymbol{K}_2\boldsymbol{C}_{22}\end{bmatrix}\begin{bmatrix}\boldsymbol{e}_1(k)\\\boldsymbol{e}_2(k)\end{bmatrix}\\&\quad+\begin{bmatrix}\boldsymbol{0}&\boldsymbol{0}\\\Delta\boldsymbol{A}_{21sg}&\boldsymbol{0}\end{bmatrix}\begin{bmatrix}\boldsymbol{x}_1(k)\\\boldsymbol{x}_2(k)\end{bmatrix}+\begin{bmatrix}\boldsymbol{0}\\\Delta\boldsymbol{\theta}_{22sg}\end{bmatrix}\end{aligned} \tag{4-11}$$

由式(4-11)分别给出子状态 $\boldsymbol{x}_1$ 和子状态 $\boldsymbol{x}_2$ 的观测器的误差动态转移方程，即

$$\boldsymbol{e}_1(k+1)=\boldsymbol{A}_{11}\boldsymbol{e}_1(k)-\boldsymbol{K}_1\boldsymbol{C}_{22}\boldsymbol{e}_2(k) \tag{4-12}$$

$$\boldsymbol{e}_2(k+1)=\boldsymbol{A}_{21g(k)}\boldsymbol{e}_1(k)+(\boldsymbol{A}_{22}-\boldsymbol{K}_2\boldsymbol{C}_{22})\boldsymbol{e}_2(k)+\Delta\boldsymbol{A}_{21sg}\boldsymbol{x}_1(k)+\Delta\boldsymbol{\theta}_{22sg} \tag{4-13}$$

$$\Delta \boldsymbol{A}_{21sg} = \boldsymbol{A}_{21s(k)} - \boldsymbol{A}_{21g(k)}$$

$$\Delta \boldsymbol{\theta}_{22sg} = \boldsymbol{\theta}_{22s(k)} - \hat{\boldsymbol{\theta}}_{22g(k)}, \quad g(k) \in \{1,2,3\}$$

$$s(k) \in \{1,2,3\}, \quad \boldsymbol{e}(k) = \boldsymbol{x}(k) - \hat{\boldsymbol{x}}(k)$$

其中，$\boldsymbol{x}(k)$表示观测器对状态的估计值，$\hat{\boldsymbol{x}}(k)$表示观测器对输出的估计值，$\boldsymbol{e}(k)$表示观测器的估计误差。

4.3.2　收敛性定理

对于如式(4-7)所示的间隙三明治系统

$$\begin{bmatrix} \boldsymbol{x}_1(k+1) \\ \boldsymbol{x}_2(k+1) \end{bmatrix} = \begin{bmatrix} \boldsymbol{A}_{11} & \boldsymbol{0} \\ \boldsymbol{A}_{21i} & \boldsymbol{A}_{22} \end{bmatrix} \begin{bmatrix} \boldsymbol{x}_1(k) \\ \boldsymbol{x}_2(k) \end{bmatrix} + \begin{bmatrix} \boldsymbol{B}_{11} \\ \boldsymbol{0} \end{bmatrix} u(k) + \begin{bmatrix} \boldsymbol{0} \\ \boldsymbol{\theta}_{22i} \end{bmatrix}$$

$$\boldsymbol{y}(k) = \boldsymbol{C}\boldsymbol{x}(k) = [\boldsymbol{C}_{11}, \boldsymbol{C}_{22}]\boldsymbol{x}(k), \quad i = 1,2,3$$

其中，$\boldsymbol{0}$ 表示具有相应阶数的零矩阵，$\boldsymbol{C}_{11} = [0 \ \cdots \ 0 \ 0] \in \mathbf{R}^{1\times n_1}$，$\boldsymbol{C}_{22} = [0 \ \cdots \ 0 \ 1] \in \mathbf{R}^{1\times n_2}$。设间隙三明治系统满足如下条件：

(1) 系统子状态 $\boldsymbol{x}_1$ 有界限，即 $\forall k$，$\| \boldsymbol{x}_1(k) \|_m \leqslant x_b$，$x_b \geqslant 0$ 为给定的常数。

(2) 观测器初始误差 $\boldsymbol{e}_1$ 亦有界，即 $\| \boldsymbol{e}_1(1) \|_m \leqslant e_b$，$e_b \geqslant 0$ 为给定的常数。

(3) 子系统 $\boldsymbol{x}_1$ 的系数矩阵 $\boldsymbol{A}_{11}$ 的特征值均在单位圆内且 $\boldsymbol{K}_1 = \boldsymbol{0}$。

(4) 子系统 $\boldsymbol{x}_2$ 的系数矩阵 $\boldsymbol{A}_{22}$ 与对应的子增益矩阵 $\boldsymbol{K}_2$ 构成的特征矩阵 $(\boldsymbol{A}_{22} - \boldsymbol{K}_2\boldsymbol{C}_{22})$ 的特征值均在单位圆内，则式(4-8)所示的间隙非光滑状态估计观测器的估计误差最终收敛到零。定理证明见附录 B。

4.4　迟滞三明治系统的非光滑状态估计观测器收敛性分析

与死区和间隙三明治系统相比，迟滞三明治系统是最复杂的。与死区和间隙比较，迟滞特性没有明确的分区，可以说迟滞环节有无限多的工作状态，因此，对迟滞非光滑状态估计观测器的收敛性分析比前面两种情况更复杂。

4.4.1　估计误差分析

根据式(2-40)可知，迟滞非光滑三明治系统的状态空间方程为

$$\boldsymbol{x}(k+1) = \boldsymbol{A}(k)\boldsymbol{x}(k) + \boldsymbol{B}u(k) + \boldsymbol{\eta}(k) \tag{4-14}$$

根据式(3-21)可知，迟滞非光滑状态估计观测器为

$$\begin{cases}\hat{\boldsymbol{x}}(k+1)=\hat{\mathbf{A}}(k)\hat{\boldsymbol{x}}(k)+\boldsymbol{B}u(k)+\hat{\boldsymbol{\eta}}(k)+\mathbf{K}(\boldsymbol{y}(k)-\hat{\boldsymbol{y}}(k))\\ \hat{\boldsymbol{y}}(k)=\boldsymbol{C}\hat{\boldsymbol{x}}(k)\end{cases}\tag{4-15}$$

其中，增益矩阵 $\mathbf{K}=\begin{bmatrix}\boldsymbol{K}_1\\ \boldsymbol{K}_2\end{bmatrix}$，$\boldsymbol{K}_1\in\mathbf{R}^{n_1\times 1}$，$\boldsymbol{K}_2\in\mathbf{R}^{n_2\times 1}$，系统系数矩阵的估计矩阵 $\hat{\mathbf{A}}(k)$ 为

$$\hat{\mathbf{A}}(k)=\begin{bmatrix}\mathbf{A}_{11} & \mathbf{0}\\ \hat{\mathbf{A}}_{21}(k) & \mathbf{A}_{22}\end{bmatrix}$$

其中

$$\hat{\mathbf{A}}_{21}(k)=[\boldsymbol{\beta}_1\quad \hat{\boldsymbol{\beta}}_2(k)],\quad \boldsymbol{\beta}_1=\mathbf{0}\in\mathbf{R}^{n_2\times(n_2-1)}$$

$$\hat{\boldsymbol{\beta}}_2(k)=\boldsymbol{B}_{22}\sum_{i=1}^{n}w_i(1-\hat{g}_{3i}(k))\hat{m}_i(k)$$

对迟滞向量的估计 $\hat{\boldsymbol{\eta}}(k)$ 为

$$\hat{\boldsymbol{\eta}}(k)=\begin{bmatrix}\mathbf{0}\\ \hat{\boldsymbol{\theta}}_{22}(k)\end{bmatrix}$$

$$\begin{aligned}\hat{\boldsymbol{\theta}}_{22}(k)=-\boldsymbol{B}_{22}\sum_{i=1}^{n}w_i[&(1-\hat{g}_{3i}(k))\hat{m}_i(k)D_{1i}\hat{g}_{1i}(k)\\ &-(1-\hat{g}_{3i}(k))\hat{m}_i(k)D_{2i}\hat{g}_{2i}(k)-\hat{g}_{3i}(k)\hat{z}_i(k-1)]\end{aligned}$$

其中，观测器的 $\hat{m}_i(k)$、$\hat{g}(k)$、$\hat{g}_{1i}(k)$、$\hat{g}_{1i}(k)$、$\hat{g}_{3i}(k)$、$\hat{z}_{li}(k)$ 和 $\hat{z}_i(k)$ 的计算公式如下

$$\hat{m}_i(k)=m_{1i}+(m_{2i}-m_{1i})\hat{g}(k),\hat{g}(k)=\begin{cases}0, & \Delta\hat{x}_{1n_1}(k)\geqslant 0\\ 1, & \Delta\hat{x}_{1n_1}(k)<0\end{cases}$$

$$\hat{g}_{1i}(k)=\begin{cases}1, & \hat{x}_{1n_1}(k)>\dfrac{\hat{z}_i(k-1)}{m_{1i}}+D_1,\Delta\hat{x}_{1n_1}(k)>0\\ 0, & \text{其他}\end{cases}$$

$$\hat{g}_{2i}(k)=\begin{cases}1, & \hat{x}_{1n_1}(k)<\dfrac{\hat{z}_i(k-1)}{m_{2i}}-D_2,\Delta\hat{x}_{1n_1}(k)<0\\ 0, & \text{其他}\end{cases}$$

$$\hat{g}_{3i}(k)=\begin{cases}1, & \hat{g}_{1i}(k)+\hat{g}_{2i}(k)=0\\ 0, & \hat{g}_{1i}(k)+\hat{g}_{2i}(k)=1\end{cases}$$

$$\hat{z}_{li}(k)=\hat{m}_i(k)(\hat{x}(k)-D_{1i}\hat{g}_{1i}(k)+D_{2i}\hat{g}_{2i}(k))$$

$\hat{z}_i(k)=(1-\hat{g}_{3i}(k))\hat{z}_{li}(k)+\hat{g}_{3i}(k)\hat{z}_i(k-1)$，这里 $i\in(1,2,\cdots,n)$，n 表示间隙的个数。

观测器的系数矩阵 $\hat{\mathbf{A}}(k)$ 和迟滞向量 $\hat{\boldsymbol{\eta}}(k)$ 与 $\hat{g}_{1i}(k)$、$\hat{g}_{2i}(k)$、$\hat{g}_{3i}(k)$、$\hat{m}_i(k)$ 有关，而 $\hat{g}_{1i}(k)$、$\hat{g}_{2i}(k)$、$\hat{g}_{3i}(k)$、$\hat{m}_i(k)$ 又与 $\hat{x}_{1n_1}(k)$ 和 $\Delta\hat{x}_{1n_1}(k)$ 以及 $\hat{z}_i(k-1)$ 有关。

值得注意的是：系统只有输入 $u(k)$ 和输出 $y(k)$ 可测，决定系统工作区间的状态变量 x_{1n_1}、$\Delta x_{1n_1}(k)$、$z_i(k-1)$ 是不可测的，而观测器是根据对它们的估计 $\hat{x}_{1n_1}$、$\Delta\hat{x}_{1n_1}(k)$、$\hat{z}_i(k-1)$ 进行切换的。而在初始阶段，由于观测器给定的初始值与实际系统的真实值之间可能存在误差，因此，观测器在初始阶段有可能出现估计区间错误的情况，从而引起较大的估计误差。所以无论对系数矩阵还是对迟滞向量而言，都有可能存在估计误差。因此，在求观测器误差动态转移关系时，应该考虑到这个问题。

用式(4-14)减去式(4-15)，并考虑观测器可能存在的区间估计误差，可得

$$\boldsymbol{e}(k+1)=\boldsymbol{F}(k)\boldsymbol{e}(k)+\Delta\boldsymbol{A}(k)\boldsymbol{x}(k)+\Delta\boldsymbol{\eta}(k) \tag{4-16}$$

其中，$\boldsymbol{F}(k)=(\hat{\boldsymbol{A}}(k)-\boldsymbol{KC})$，$\Delta\boldsymbol{A}(k)=\boldsymbol{A}(k)-\hat{\boldsymbol{A}}(k)$，$\Delta\boldsymbol{\eta}(k)=\boldsymbol{\eta}(k)-\hat{\boldsymbol{\eta}}(k)$，$\boldsymbol{F}(k)$、$\Delta\boldsymbol{A}(k)$、$\Delta\boldsymbol{\eta}(k)$ 分别表示系统在 k 时刻的观测器的特征矩阵、系数矩阵的估计误差阵和迟滞向量的估计误差向量。将子状态 $\boldsymbol{x}_1$ 和子状态 $\boldsymbol{x}_2$ 的分块矩阵形式代入式(4-16)，并做分块矩阵运算，具体推导过程如下

$$\boldsymbol{e}(k+1)=(\hat{\boldsymbol{A}}(k)-\boldsymbol{KC})\boldsymbol{e}(k)+(\boldsymbol{A}(k)-\hat{\boldsymbol{A}}(k))\boldsymbol{x}(k)+(\boldsymbol{\eta}(k)-\hat{\boldsymbol{\eta}}(k))\Rightarrow$$

$$\begin{aligned}\begin{bmatrix}\boldsymbol{e}_1(k+1)\\ \boldsymbol{e}_2(k+1)\end{bmatrix}&=\left(\begin{bmatrix}\boldsymbol{A}_{11} & \boldsymbol{0}\\ \hat{\boldsymbol{A}}_{21}(k) & \boldsymbol{A}_{22}\end{bmatrix}-\begin{bmatrix}\boldsymbol{K}_1\\ \boldsymbol{K}_2\end{bmatrix}\begin{bmatrix}\boldsymbol{C}_{11} & \boldsymbol{C}_{22}\end{bmatrix}\right)\begin{bmatrix}\boldsymbol{e}_1(k)\\ \boldsymbol{e}_2(k)\end{bmatrix}\\ &\quad+\begin{bmatrix}\boldsymbol{0} & \boldsymbol{0}\\ \boldsymbol{A}_{21}(k)-\hat{\boldsymbol{A}}_{21}(k) & \boldsymbol{0}\end{bmatrix}\begin{bmatrix}\boldsymbol{x}_1(k)\\ \boldsymbol{x}_2(k)\end{bmatrix}+\begin{bmatrix}\boldsymbol{0}\\ \boldsymbol{\theta}_{22}(k)-\hat{\boldsymbol{\theta}}_{22}(k)\end{bmatrix}\\ &=\left(\begin{bmatrix}\boldsymbol{A}_{11} & \boldsymbol{0}\\ \hat{\boldsymbol{A}}_{21}(k) & \boldsymbol{A}_{22}\end{bmatrix}-\begin{bmatrix}\boldsymbol{K}_1\boldsymbol{C}_{11} & \boldsymbol{K}_1\boldsymbol{C}_{22}\\ \boldsymbol{K}_2\boldsymbol{C}_{11} & \boldsymbol{K}_2\boldsymbol{C}_{22}\end{bmatrix}\right)\begin{bmatrix}\boldsymbol{e}_1(k)\\ \boldsymbol{e}_2(k)\end{bmatrix}\\ &\quad+\begin{bmatrix}\boldsymbol{0} & \boldsymbol{0}\\ \boldsymbol{A}_{21}(k)-\hat{\boldsymbol{A}}_{21}(k) & \boldsymbol{0}\end{bmatrix}\begin{bmatrix}\boldsymbol{x}_1(k)\\ \boldsymbol{x}_2(k)\end{bmatrix}+\begin{bmatrix}\boldsymbol{0}\\ \boldsymbol{\theta}_{22}(k)-\hat{\boldsymbol{\theta}}_{22}(k)\end{bmatrix}\end{aligned}$$

由式(2-39)可知 $\boldsymbol{C}_{11}=\boldsymbol{0}$，根据上式得

$$\begin{aligned}\begin{bmatrix}\boldsymbol{e}_1(k+1)\\ \boldsymbol{e}_2(k+1)\end{bmatrix}&=\begin{bmatrix}\boldsymbol{A}_{11} & -\boldsymbol{K}_1\boldsymbol{C}_{22}\\ \hat{\boldsymbol{A}}_{21}(k) & \boldsymbol{A}_{22}-\boldsymbol{K}_2\boldsymbol{C}_{22}\end{bmatrix}\begin{bmatrix}\boldsymbol{e}_1(k)\\ \boldsymbol{e}_2(k)\end{bmatrix}\\ &\quad+\begin{bmatrix}\boldsymbol{0} & \boldsymbol{0}\\ \Delta\boldsymbol{A}_{21}(k) & \boldsymbol{0}\end{bmatrix}\begin{bmatrix}\boldsymbol{x}_1(k)\\ \boldsymbol{x}_2(k)\end{bmatrix}+\begin{bmatrix}\boldsymbol{0}\\ \Delta\boldsymbol{\theta}_{22}(k)\end{bmatrix}\end{aligned} \tag{4-17}$$

其中

$$\boldsymbol{e}_1(k+1)=\boldsymbol{A}_{11}\boldsymbol{e}_1(k)-\boldsymbol{K}_1\boldsymbol{C}_{22}\boldsymbol{e}_2(k) \tag{4-18}$$

$$\boldsymbol{e}_2(k+1)=\hat{\boldsymbol{A}}_{21}(k)\boldsymbol{e}_1(k)+(\boldsymbol{A}_{22}-\boldsymbol{K}_2\boldsymbol{C}_{22})\boldsymbol{e}_2(k)+\Delta\boldsymbol{A}_{21}(k)\boldsymbol{x}_1(k)+\Delta\boldsymbol{\theta}_{22}(k) \tag{4-19}$$

$$\Delta\boldsymbol{A}_{21}(k)=\boldsymbol{A}_{21}(k)-\hat{\boldsymbol{A}}_{21}(k),\quad \Delta\boldsymbol{\theta}_{22}(k)=\boldsymbol{\theta}_{22}(k)-\hat{\boldsymbol{\theta}}_{22}(k)$$

$$e(k) = x(k) - \hat{x}(k)$$

其中，$x(k)$表示观测器对状态的估计值，$\hat{x}(k)$表示观测器对输出的估计值，$e(k)$表示观测器的估计误差。

4.4.2 收敛性定理

对于如式(4-14)所示的迟滞三明治系统

$$\begin{cases} \begin{bmatrix} x_1(k+1) \\ x_2(k+1) \end{bmatrix} = \begin{bmatrix} A_{11} & 0 \\ A_{21}(k) & A_{22} \end{bmatrix} \begin{bmatrix} x_1(k) \\ x_2(k) \end{bmatrix} + \begin{bmatrix} B_{11} \\ 0 \end{bmatrix} u(k) + \begin{bmatrix} 0 \\ \theta_{22}(k) \end{bmatrix} \\ y(k) = Cx(k) = [C_{11} \quad C_{22}]x(k), i = 1,2,3 \end{cases}$$

其中，$\mathbf{0}$表示具有相应阶数的零矩阵，$C_{11} = [0 \quad \cdots \quad 0 \quad 0] \in \mathbf{R}^{1\times n_1}$，$C_{22} = [0 \quad \cdots \quad 0 \quad 1] \in \mathbf{R}^{1\times n_2}$。反馈矩阵可分解为$K = \begin{bmatrix} K_1 \\ K_2 \end{bmatrix}$，$K_1 \in \mathbf{R}^{n_1\times 1}$，$K_2 \in \mathbf{R}^{n_2\times 1}$。设迟滞三明治系统满足如下条件。

(1) 系统子状态 x_1 有界限，即$\forall k$，$\| x_1(k) \|_m \leqslant x_b$，$x_b \geqslant 0$为给定的常数。

(2) 观测器初始误差 e_1 亦有界，即$\| e_1(1) \|_m \leqslant e_b$，$e_b \geqslant 0$为给定的常数。

(3) 子系统 x_1 的系数矩阵A_{11}的特征值均在单位圆内且$K_1 = \mathbf{0}$。

(4) 子系统 x_2 的系数矩阵 A_{22} 与对应的子增益矩阵 K_2 构成的特征矩阵$(A_{22} - K_2C_{22})$的特征值均在单位圆内，则式(4-15)所示的迟滞非光滑状态估计观测器的估计误差最终收敛到零。定理证明见附录C。

4.5 结　　论

本章针对非光滑三明治系统的非光滑状态估计观测器收敛性问题进行了深入分析，对相关收敛定理进行了详细的证明。从简单的死区非光滑三明治观测器误差分析开始，最后到最为复杂的迟滞三明治非光滑状态估计观测器。观测器的收敛性分析对于正确理解观测器的设计原理和工作过程具有重要的意义。同时，收敛性定理也明确了非光滑状态估计观测器的应用条件和适用范围。

第 5 章　非光滑三明治系统的鲁棒软测量方法

5.1 引　　言

三明治系统在实际工作过程中，会受到外干扰和噪声影响，同时建模时的模型误差也难以避免，所以，建立鲁棒状态估计观测器对存在干扰、噪声和模型误差的非光滑三明治系统进行状态估计（软测量）具有重要实际意义。

由 1.2 节中相关状态估计研究现状分析可知：过去的方法都是针对线性系统或是光滑非线性系统进行鲁棒状态估计的。由于三明治系统不仅含有非光滑特性，而且非线性环节的前、后端都连接有动态子系统，非线性环节的输入和输出均为不可测量的中间变量。因此，此类系统具有更为复杂的结构。所以，至今还没有发现针对非光滑非线性三明治系统的鲁棒状态估计观测器的相关研究。因此，构造动态非光滑鲁棒状态估计观测器对非光滑三明治系统进行状态估计是很有挑战性的研究工作。

5.2 动态鲁棒状态估计观测器设计

根据第 2 章中无故障无干扰的非光滑三明治系统模型，考虑模型误差并受外干扰和噪声影响的非光滑三明治系统为

$$\begin{cases} \boldsymbol{x}(k+1) = \boldsymbol{A}(k)\boldsymbol{x}(k) + \boldsymbol{B}u(k) + \boldsymbol{\eta}(k) + \boldsymbol{B}_d\boldsymbol{d}(k) \\ \boldsymbol{y}(k+1) = \boldsymbol{C}\boldsymbol{x}(k+1) + \boldsymbol{D}_d\boldsymbol{d}(k+1) \end{cases} \tag{5-1}$$

其中，$\boldsymbol{x}(k) \in \mathbf{R}^{n\times 1}$，$u(k) \in \mathbf{R}^{1\times 1}$，$\boldsymbol{y}(k) \in \mathbf{R}^{1\times 1}$，$\boldsymbol{A}(k) \in \mathbf{R}^{n\times n}$，$\boldsymbol{B} \in \mathbf{R}^{n\times 1}$，$\boldsymbol{C} \in \mathbf{R}^{1\times n}$，$\boldsymbol{d}(k) \in \mathbf{R}^{r\times 1}$ 为干扰向量（包括模型误差、外部的扰动和噪声），$\boldsymbol{B}_d \in \mathbf{R}^{n\times r}$ 为干扰输

入矩阵(它决定各个干扰分量如何影响系统的各个正常状态变量)，$\boldsymbol{D}_d \in \mathbf{R}^{1\times r}$ 为干扰输出矩阵(它决定各个干扰分量如何影响系统的正常输出状态变量)。

其中，

$$\boldsymbol{B}_d = [\boldsymbol{I}_{n\times n} \quad \boldsymbol{E}_1 \quad \boldsymbol{E}_2 \quad \cdots \quad \boldsymbol{E}_q] \in \mathbf{R}^{n\times r}$$

$$\boldsymbol{d}(k) = [\underbrace{\Delta\boldsymbol{A}(k)\boldsymbol{x} + \Delta\boldsymbol{B}u}_{\text{模型误差}} \quad \underbrace{d_1\ d_2\ \cdots\ d_q}_{\text{外部干扰}}]^{\mathrm{T}} \in \mathbf{R}^{r\times 1}, \boldsymbol{D}_d \in \mathbf{R}^{1\times r}$$

构造如图 5.1 所示动态鲁棒状态估计观测器，以不考虑三明治系统的非光滑非线性环节存在时的线性系统为基准区间，此时，三明治系统的非线性环节在基准区间中被等效为一个比例环节，用 $\boldsymbol{A}_l$ 表示基准区间的转移矩阵。对于死区和间隙三明治系统，等效比例环节的比例系数为死区和间隙环节的线性上升区间的斜率；对于迟滞三明治系统，等效比例环节的比例系数取为 1。因此，其数学表达式为

$$\begin{cases} \boldsymbol{z}_1(k+1) = \boldsymbol{K}_1\boldsymbol{z}_1(k) + \boldsymbol{K}_2\boldsymbol{r}(k) \\ \boldsymbol{v}(k+1) = \boldsymbol{K}_3\boldsymbol{z}_1(k+1) + \boldsymbol{K}_4\boldsymbol{r}(k+1) \\ \hat{\boldsymbol{x}}(k+1) = \boldsymbol{A}_l\hat{\boldsymbol{x}}(k) + \boldsymbol{B}u(k) + \boldsymbol{v}(k) \\ \hat{\boldsymbol{y}}(k+1) = \boldsymbol{C}\hat{\boldsymbol{x}}(k+1) \end{cases} \tag{5-2}$$

其中，$\boldsymbol{A}_l = \begin{bmatrix} \boldsymbol{A}_{11} & \boldsymbol{0} \\ \boldsymbol{A}_{211} & \boldsymbol{A}_{22} \end{bmatrix}$，$\boldsymbol{A}_{11}$ 为 L_1 的系数矩阵，$\boldsymbol{A}_{22}$ 为 L_2 的系数矩阵，$\boldsymbol{A}_{21}$ 为系统工作在基准区间时的子块矩阵。残差为 $\boldsymbol{r}(k) = \boldsymbol{y}(k) - \hat{\boldsymbol{y}}(k)$，$\boldsymbol{z}_1(k) \in \mathbf{R}^{m\times 1}$ 为动态反馈状态变量，可以根据需要设定其维数，$\boldsymbol{v}(k) \in \mathbf{R}^{n\times 1}$ 为动态反馈环节的输出。显然，动态观测器比静态观测器具有更多的设计自由度，实际上，静态观测器可以看作是当 $\boldsymbol{K}_1 = \boldsymbol{K}_2 = \boldsymbol{K}_3 = \boldsymbol{0}, \boldsymbol{K}_4 = \boldsymbol{K}$ 时的动态观测器，另外，值得注意的是，图 5.1所示的动态观测器从 $\boldsymbol{v}(k)$ 到 $\boldsymbol{r}(k)$ 的传递函数矩阵为

$$\boldsymbol{G}_{rv}(z) = \boldsymbol{K}_3(z\boldsymbol{I} - \boldsymbol{K}_1)^{-1}\boldsymbol{K}_2 + \boldsymbol{K}_4 \tag{5-3}$$

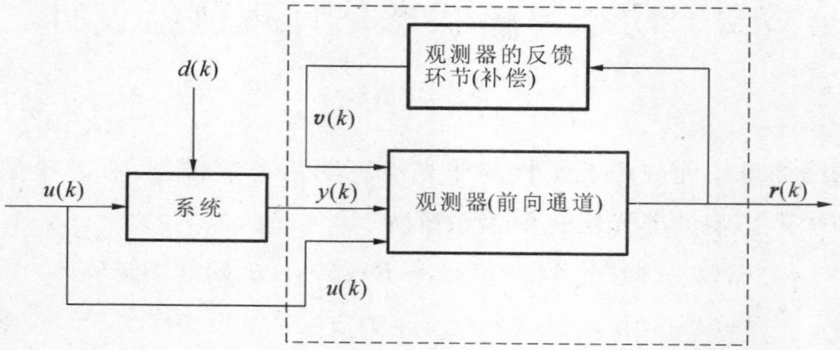

图 5.1　动态观测器的结构框图

由式(5-3)可知，动态观测器的输入在频域上可以影响残差，因此，具有更大的调节自由度。当不考虑模型误差和干扰的时候，静态观测器的自由度是足够的，但当需要考虑模型误差和干扰等不确定性时，其自由度过少，不再适用，为此，采用如式(5-2)所示的动态观测器。与动态观测器不同，静态观测器的增益矩阵是一个常数矩阵，因此传递函数也是一个常数矩阵，对频率没有调节作用，这也正是静态观测器的局限所在。

令 $\boldsymbol{e}(k)=\boldsymbol{x}(k)-\hat{\boldsymbol{x}}(k)$，结合系统式(5-1)和观测器式(5-2)可得动态观测器的扩展向量表达式(5-4)和动态观测器的扩展动态误差表达式(5-5)为

$$\begin{cases}\begin{bmatrix}\hat{\boldsymbol{x}}(k+1)\\ \boldsymbol{z}_1(k+1)\end{bmatrix}=\begin{bmatrix}\boldsymbol{A}_l-\boldsymbol{K}_4\boldsymbol{C} & \boldsymbol{K}_3\\ -\boldsymbol{K}_2\boldsymbol{C} & \boldsymbol{K}_1\end{bmatrix}\begin{bmatrix}\hat{\boldsymbol{x}}(k)\\ \boldsymbol{z}_1(k)\end{bmatrix}+\begin{bmatrix}\boldsymbol{B}\\ \boldsymbol{0}\end{bmatrix}u(k)+\begin{bmatrix}\boldsymbol{K}_4\\ \boldsymbol{K}_2\end{bmatrix}\boldsymbol{y}(k)\\ \hat{\boldsymbol{y}}(k+1)=\boldsymbol{C}\hat{\boldsymbol{x}}(k+1)\end{cases}\tag{5-4}$$

若令 $\boldsymbol{\xi}(k+1)=\begin{bmatrix}\boldsymbol{e}(k+1)\\ \boldsymbol{z}_1(k+1)\end{bmatrix}$，则有

$$\begin{cases}\boldsymbol{\xi}(k+1)=\begin{bmatrix}\boldsymbol{A}_l-\boldsymbol{K}_4\boldsymbol{C} & -\boldsymbol{K}_3\\ \boldsymbol{K}_2\boldsymbol{C} & \boldsymbol{K}_1\end{bmatrix}\boldsymbol{\xi}(k)+\begin{bmatrix}\boldsymbol{B}_{d^*}^{*}-\boldsymbol{K}_4\boldsymbol{D}_{d^*}\\ \boldsymbol{K}_2\boldsymbol{D}_{d^*}\end{bmatrix}\boldsymbol{d}^*(k)\\ \boldsymbol{e}(k)=\begin{bmatrix}\boldsymbol{I}_{n\times n} & \boldsymbol{0}_{n\times m}\end{bmatrix}\boldsymbol{\xi}(k)\end{cases}\tag{5-5}$$

其中，$\boldsymbol{A}_l$ 表示三明治系统工作在基准区间时的系数矩阵。

下面说明广义干扰向量 $\boldsymbol{d}^*(k)$、广义干扰输入矩阵 $\boldsymbol{B}_{d^*}^{*}$ 以及广义干扰输出矩阵 $\boldsymbol{D}_{d^*}$ 的定义。在开始阶段，决定系统切换的状态变量的初始值与其真实值可能存在误差，同时再加上模型不确定性和干扰的影响，造成观测器的基准工作区间与系统工作区间不一致，由于这种不一致造成的切换误差为 $\Delta\boldsymbol{A}(k)\boldsymbol{x}(k)+\Delta\boldsymbol{\eta}$，$\Delta\boldsymbol{A}(k)=\boldsymbol{A}(k)-\boldsymbol{A}_l$，$\Delta\boldsymbol{\eta}=\boldsymbol{\eta}(k)-\boldsymbol{0}$。切换误差可以看作是由于观测器估计区间与系统实际工作区间不一致而造成的，所以可以认为是一种广义干扰，并将其统一地写到干扰项中。区间估计误差引起的干扰项推导过程如下

$$\begin{aligned}\Delta\boldsymbol{A}(k)\boldsymbol{x}(k)+\Delta\boldsymbol{\eta}&=(\boldsymbol{A}(k)-\boldsymbol{A}_l)\boldsymbol{x}+\boldsymbol{\eta}(k)\\ &=\left(\begin{bmatrix}\boldsymbol{A}_{11} & \boldsymbol{0}\\ \boldsymbol{A}_{21}(k) & \boldsymbol{A}_{22}\end{bmatrix}-\begin{bmatrix}\boldsymbol{A}_{11} & \boldsymbol{0}\\ \boldsymbol{A}_{21} & \boldsymbol{A}_{22}\end{bmatrix}\right)\boldsymbol{x}+\begin{bmatrix}\boldsymbol{0}\\ \boldsymbol{\theta}_{22}(k)\end{bmatrix}\\ &=\begin{bmatrix}\boldsymbol{0} & \boldsymbol{0}\\ \boldsymbol{A}_{21}(k)-\boldsymbol{A}_{211} & \boldsymbol{0}\end{bmatrix}\begin{bmatrix}\boldsymbol{x}_1(k)\\ \boldsymbol{x}_2(k)\end{bmatrix}+\begin{bmatrix}\boldsymbol{0}\\ \boldsymbol{\theta}_{22}(k)\end{bmatrix}\\ &=\begin{bmatrix}\boldsymbol{0}\\ \Delta\boldsymbol{A}(k)\boldsymbol{x}_1(k)+\boldsymbol{\theta}_{22}(k)\end{bmatrix}\end{aligned}$$

因为迟滞是最复杂的非光滑三明治特性，因此，推导过程以迟滞三明治系统为例进行，其推导过程也适用于死区和间隙三明治系统。由2.4节关于迟滞三

明治系统非光滑状态方程的描述中可知

$$\boldsymbol{A}_{21}(k)=[\boldsymbol{\beta}_1 \quad \boldsymbol{\beta}_2(k)]\in \mathbf{R}^{n_2\times n_1}$$

$$\boldsymbol{\beta}_1=\mathbf{0}\in \mathbf{R}^{n_2\times(n_1-1)}$$

$$\boldsymbol{\beta}_2(k)=\boldsymbol{B}_{22}\sum_{i=1}^{n} w_i(1-g_{3i}(k))m_i(k)\in \mathbf{R}^{n_2\times 1}$$

$$\boldsymbol{A}_{21}=[\boldsymbol{\beta}_1 \quad \boldsymbol{\beta}_{2l}]\in \mathbf{R}^{n_2\times n_1}$$

$$\boldsymbol{\beta}_{2l}=\boldsymbol{B}_{22}\boldsymbol{C}_l\in \mathbf{R}^{n_2\times 1}$$

其中，$\boldsymbol{C}_l$ 表示将非光滑三明治系统简化为线性比例环节时的比例系数。若令 $\psi=\sum_{i=1}^{n} w_i(1-g_{3i}(k))m_i(k)-\boldsymbol{C}_l\in \mathbf{R}^{1\times 1}$，则有

$$\begin{aligned}\Delta\boldsymbol{A}(k)&=\boldsymbol{A}_{21}(k)-\boldsymbol{A}_{211}=[\boldsymbol{\beta}_1 \quad \boldsymbol{\beta}_2(k)]-[\boldsymbol{\beta}_1 \quad \boldsymbol{\beta}_{2l}]\\&=[\mathbf{0} \quad \boldsymbol{\beta}_2(k)-\boldsymbol{\beta}_{2l}]=[\mathbf{0} \quad \boldsymbol{B}_{22}\psi]\in \mathbf{R}^{n_2\times n_1}\end{aligned}$$

再将 $\Delta\boldsymbol{A}(k)$代入下式有

$$\Delta\boldsymbol{A}(k)\boldsymbol{x}_1(k)=[\mathbf{0} \quad \boldsymbol{B}_{22}\psi]\boldsymbol{x}_1(k)=\boldsymbol{B}_{22}\psi x_{1n_1}\in \mathbf{R}^{n_2\times 1}$$

因为

$$\begin{aligned}\boldsymbol{\theta}_{22}(k)=-\boldsymbol{B}_{22}\sum_{i=1}^{n} w_i[&(1-g_{3i}(k))m_i(k)D_{1i}g_{1i}(k)\\&-(1-g_{3i}(k))m_i(k)D_{2i}g_{2i}(k)-g_{3i}(k)z_i(k-1)]\end{aligned}$$

若令

$$\begin{aligned}\phi=-\sum_{i=1}^{n} w_i[&(1-g_{3i}(k))m_i(k)D_{1i}g_{1i}(k)-(1-g_{3i}(k))m_i(k)D_{2i}g_{2i}(k)\\&-g_{3i}(k)z_i(k-1)]\in \mathbf{R}^{1\times 1}\end{aligned}$$

则有

$$\boldsymbol{\theta}_{22}(k)=\boldsymbol{B}_{22}\phi\in \mathbf{R}^{n_2\times 1}$$

若令

$$\Delta\boldsymbol{\partial}=\begin{bmatrix}\mathbf{0}\\ \boldsymbol{B}_{22}\end{bmatrix}\in \mathbf{R}^{n\times 1},\quad \delta_x=\psi x_{1n_1}(k)+\phi\in \mathbf{R}^{1\times 1}$$

则有

$$\begin{aligned}\Delta\boldsymbol{A}(k)\boldsymbol{x}(k)+\Delta\boldsymbol{\eta}&=\begin{bmatrix}\mathbf{0}\\ \Delta\boldsymbol{A}(k)\boldsymbol{x}_1(k)+\boldsymbol{\theta}_{22}(k)\end{bmatrix}\\&=\begin{bmatrix}\mathbf{0}\\ \boldsymbol{B}_{22}\psi x_{1n_1}(k)+\boldsymbol{B}_{22}\phi\end{bmatrix}=\begin{bmatrix}\mathbf{0}\\ \boldsymbol{B}_{22}\end{bmatrix}(\psi x_{1n_1}(k)+\phi)\\&=\Delta\boldsymbol{\partial}\delta_x\in \mathbf{R}^{n\times 1}\end{aligned}$$

对于死区三明治系统和间隙三明治系统来说，整个推导过程完全相同，只需要将以上推导中的 ψ 和 ϕ 中取其对应的表达式即可。在死区三明治系统推导中取 ψ 和 ϕ 的表达式为

$$\begin{cases}\psi = m(k) - C_l \\ \phi = -m(k)[-D_1 h(k) + D_2 h_2(k)]\end{cases}$$

在间隙三明治系统推导中，取 ψ 和 ϕ 的表达式为

$$\begin{cases}\psi = (1-g_3(k))m(k) - C_l \\ \phi = -(1-g_3(k))m(k)D_1 g_1(k) + (1-g_3(k))m(k)D_2 g_2(k) + g_3(k)v(k-1)\end{cases}$$

表达式中符号含义在第 2 章死区和间隙三明治系统非光滑状态空间方程中均有说明。

由此可以得到广义干扰输入矩阵和广义干扰向量，与 $\boldsymbol{B}_d$ 和 $\boldsymbol{d}^*(k)$ 比较，其他干扰项不变化，只是增加一个由于估计误差引起的扩展干扰项 $\Delta\partial\delta_x$，最终的广义干扰输入矩阵和广义干扰表达式如下。

其中，

$$\boldsymbol{B}_{d*}^* = \big[\underbrace{\boldsymbol{I}_{n\times n}}_{\text{模型误差}} \quad \underbrace{\Delta\partial}_{\text{切换误差}} \quad \underbrace{\boldsymbol{E}_1\ \boldsymbol{E}_2\ \cdots\ \boldsymbol{E}_g}_{\text{外部干扰}}\big] \in \mathbf{R}^{n\times(r+1)}$$

$$\boldsymbol{d}^*(k) = \big[\underbrace{\Delta\boldsymbol{A}(k)\boldsymbol{x} + \Delta\boldsymbol{B}\boldsymbol{u}}_{\text{模型误差}} \quad \underbrace{\delta_x}_{\text{切换误差}} \quad \underbrace{d_1 d_2\ \cdots\ d_g}_{\text{外部干扰}}\big]^{\mathrm{T}} \in \mathbf{R}^{(r+1)\times 1}, \boldsymbol{D}_{d^*} \in \mathbf{R}^{1\times(r+1)}$$

其中，$\Delta\boldsymbol{\partial} = \begin{bmatrix}\boldsymbol{0} \\ \boldsymbol{B}_{22}\end{bmatrix} \in \mathbf{R}^{n\times 1}$ 表示区间估计误差引起干扰的输入矩阵。$\delta_x \in \mathbf{R}^{1\times 1}$ 表示由区间估计误差引起的未知干扰项。

将式(5-5)写成紧缩形式，为

$$\begin{cases}\boldsymbol{\xi}(k+1) = \widetilde{\boldsymbol{A}}\boldsymbol{\xi}(k) + \widetilde{\boldsymbol{B}}_{d^*}^*\boldsymbol{d}^*(k) \\ \boldsymbol{e}(k) = \widetilde{\boldsymbol{C}}\boldsymbol{\xi}(k)\end{cases} \tag{5-6}$$

其中，$\widetilde{\boldsymbol{A}} = \begin{bmatrix}\boldsymbol{A}_l - \boldsymbol{K}_4\boldsymbol{C} & -\boldsymbol{K}_3 \\ \boldsymbol{K}_2\boldsymbol{C} & \boldsymbol{K}_1\end{bmatrix}$，$\widetilde{\boldsymbol{B}}_{d^*}^* = \begin{bmatrix}\boldsymbol{B}_{d^*}^* - \boldsymbol{K}_4\boldsymbol{D}_{d^*} \\ \boldsymbol{K}_2\boldsymbol{D}_{d^*}\end{bmatrix}$，$\widetilde{\boldsymbol{C}} = [\boldsymbol{I}_{n\times n} \quad \boldsymbol{0}_{n\times m}]$，$\widetilde{\boldsymbol{D}}_{d^*} = \boldsymbol{D}_{d^*}$。

结合式(5-5)和式(5-6)，并对其进行 Z 变换，即得到扩展广义干扰 $\boldsymbol{d}^*(k)$ 到观测器估计误差 $\boldsymbol{e}(k)$ 的传递函数矩阵

$$\frac{\boldsymbol{e}(z)}{\boldsymbol{d}^*(z)} = \widetilde{\boldsymbol{C}}\widetilde{\boldsymbol{G}}_{d^*\xi}(\widetilde{\boldsymbol{A}},\boldsymbol{K}) = \widetilde{\boldsymbol{G}}_{d^*e}(\widetilde{\boldsymbol{A}},\boldsymbol{K}) \tag{5-7}$$

设计鲁棒状态估计观测器的目的就是通过选择合适的动态观测器增益反馈矩阵组 $\boldsymbol{K}_d = [\boldsymbol{K}_1 \quad \boldsymbol{K}_2 \quad \boldsymbol{K}_3 \quad \boldsymbol{K}_4]$，使得估计误差对扩展广义干扰不敏感。

$\boldsymbol{d}^*(k)$ 到 $\boldsymbol{e}(k)$ 的传递函数矩阵为 $\boldsymbol{G}_{d^*e}(\widetilde{\boldsymbol{A}},\boldsymbol{K}_d)$，其表示如式(5-7)所示

$$\widetilde{\boldsymbol{G}}_{d^*e}(\widetilde{\boldsymbol{A}},\boldsymbol{K}_d) = \frac{\boldsymbol{e}(z)}{\boldsymbol{d}^*(z)} = \widetilde{\boldsymbol{C}}(\boldsymbol{I}z - \widetilde{\boldsymbol{A}})^{-1}\widetilde{\boldsymbol{B}}_{d^*} \tag{5-8}$$

设计非光滑三明治系统的动态鲁棒状态估计观测器需要满足的条件如下。

(1) 观测器是稳定的，要求特征矩阵的特征值都在单位圆内，即 $\widetilde{\boldsymbol{A}}$ 的特征值在单位圆内

$$|\lambda(\widetilde{\boldsymbol{A}})| < 1 \tag{5-9}$$

(2) 最小化广义干扰到观测器估计误差某些特定频点上的传递函数范数值

$$J = \min \sum_{i=1}^{h} \| \widetilde{\boldsymbol{G}}_{d^*e}(\widetilde{\boldsymbol{A}}, \boldsymbol{K}_d, z_i) \|_{2, z_i = e^{T\omega_i j}} \tag{5-10}$$

根据矩阵向量 2 范数的定义可知，由式(5-10)可以最大限度抑制干扰对估计误差的影响。

其中，主要干扰频率点为 $\omega_i(i=1,2,\cdots,h)$，h 为主要干扰频率数，采样周期为 T，此时主要干扰极点为 $z_i = e^{\omega_i Tj}$，所以式(5-10)中特别注意减少主要干扰对估计误差的影响。文献[38—40]中指出，对于单输入/单输出系统(SISO)，输入的频率经过系统后不会改变，也就是说输入频率和输出频率是相同的。对于离散观测器系统也有如下的规律：对于离散系统(5-1)，若假设广义干扰的频带是有限的，并且观测器(5-4)是稳定的，在一个稳定的状态下，输出残差的频谱集 $\boldsymbol{\Omega}_r$ 是干扰频谱集 $\boldsymbol{\Omega}_d$ 的子集，即 $\boldsymbol{\Omega}_r \in \boldsymbol{\Omega}_d$。可以把它理解为：对于离散时间观测器，干扰 $\boldsymbol{d}(k)$ 的频率 ω_d 经过系统后没有改变，因此可以从输出残差 $\boldsymbol{r}(k)$ 中将干扰频率辨识出来。因此，通过对非光滑非鲁棒状态估计观测器的输出残差进行频谱分析就能得到干扰的主要频率。与传统的 H_∞ 方法的区别是这样的优化目标函数更具有明确的目的性。因为 H_∞ 方法是针对所有可能频率的干扰设计的，而新方法主要是针对主要干扰频率点设计，从而减少了计算复杂度，在抑制效果上也优于 H_∞ 方法。当知道了主要干扰的频率时，式(5-10)给出的目标函数更有针对性。

归纳式(5-9)和式(5-10)，动态鲁棒状态估计观测器增益矩阵求解问题可以转化为如下约束优化问题

$$\begin{cases} \min \quad J = \left(\sum_{i=1}^{h} \| \widetilde{\boldsymbol{G}}_{d^*e}(\widetilde{\boldsymbol{A}}, \boldsymbol{K}_d, z_i) \|_{2, z_i = e^{T\omega_i j}} \right) \\ \text{s. t.} \quad |\lambda(\widetilde{\boldsymbol{A}})| < 1 \end{cases} \tag{5-11}$$

其中，$\boldsymbol{K}_d$ 是设计变量，J 是目标函数，$\lambda(\cdot)$表示相应矩阵的特征值。

5.3 仿真与实验说明

下面从简单到复杂，分别对死区、间隙和迟滞三明治系统进行鲁棒状态估计。

5.3.1　死区三明治系统鲁棒状态估计

5.3.1.1　仿真结果

根据 2.2 节中无干扰时的死区三明治系统模型可知，受到干扰的死区三明治系统可表示为

$$\begin{cases} \begin{cases} \boldsymbol{x}(k+1)=\boldsymbol{A}_1\boldsymbol{x}(k)+\boldsymbol{B}u(k)+\boldsymbol{\eta}_1(k)+\boldsymbol{B}_d\boldsymbol{d}(k), & x_{12}(k)>0.01 \\ \boldsymbol{x}(k+1)=\boldsymbol{A}_2\boldsymbol{x}(k)+\boldsymbol{B}u(k)+\boldsymbol{\eta}_2(k)+\boldsymbol{B}_d\boldsymbol{d}(k), & -0.01\leqslant x_{12}(k)\leqslant 0.01 \\ \boldsymbol{x}(k+1)=\boldsymbol{A}_3\boldsymbol{x}(k)+\boldsymbol{B}u(k)+\boldsymbol{\eta}_3(k)+\boldsymbol{B}_d\boldsymbol{d}(k), & x_{12}(k)<-0.01 \end{cases} \\ \boldsymbol{y}(k)=\boldsymbol{C}\boldsymbol{x}(k)+\boldsymbol{D}_d\boldsymbol{d}(k) \end{cases} \tag{5-12}$$

其中

$$\boldsymbol{A}_1=\boldsymbol{A}_3=\begin{bmatrix} 0.82 & 0 & 0 & 0 \\ 0.1 & 0.45 & 0 & 0 \\ 0 & 0.25 & 0.85 & 0 \\ 0 & 0 & 0.2 & 0.9 \end{bmatrix},\quad \boldsymbol{A}_2=\begin{bmatrix} 0.82 & 0 & 0 & 0 \\ 0.1 & 0.45 & 0 & 0 \\ 0 & 0 & 0.85 & 0 \\ 0 & 0 & 0.2 & 0.9 \end{bmatrix}$$

$$\boldsymbol{B}=\begin{bmatrix} 0.4 \\ 0 \\ 0 \\ 0 \end{bmatrix},\quad \boldsymbol{\eta}_1=\begin{bmatrix} 0 \\ 0 \\ -0.0025 \\ 0 \end{bmatrix},\quad \boldsymbol{\eta}_2=\begin{bmatrix} 0 \\ 0 \\ 0 \\ 0 \end{bmatrix},\quad \boldsymbol{\eta}_3=\begin{bmatrix} 0 \\ 0 \\ 0.0025 \\ 0 \end{bmatrix}$$

$$\boldsymbol{C}=\begin{bmatrix} 0 & 0 & 0 & 1 \end{bmatrix}$$

$u(k)=6\sin(8Tk)$，采样周期 $T=0.01$ s。

其中，$\boldsymbol{x}(k)=[x_{11}\quad x_{12}\quad x_{21}\quad x_{22}]^{\mathrm{T}}$，为了不失一般性，假设外干扰为如下信号：$\boldsymbol{d}(k)=[d_1(k)\quad d_2(k)\quad d_3(k)]^{\mathrm{T}}=[0.2\sin(20Tk)\quad 0.4\sin(20Tk)\quad 0.01\sin(20Tk)]^{\mathrm{T}}$。$d_1(k)$为输入 $u(k)$处的正弦干扰，$d_2(k)$为第二个线性环节前的输入干扰（负载输入干扰），$d_3(k)$为输出的噪声。图 5.2 所示为存在干扰和模型不确定性的死区三明治系统示意图。对图 5.2 进行分析，可以得到外干扰分布矩阵，为

$$\boldsymbol{B}_d=\begin{bmatrix} 0 & 0 & 0.4 \\ 0 & 0 & 0 \\ 0.25 & 0 & 0 \\ 0 & 0 & 0 \end{bmatrix},\quad \boldsymbol{D}_d=\begin{bmatrix} 0 & 0 & 1 \end{bmatrix}$$

假设模型不确定性矩阵为

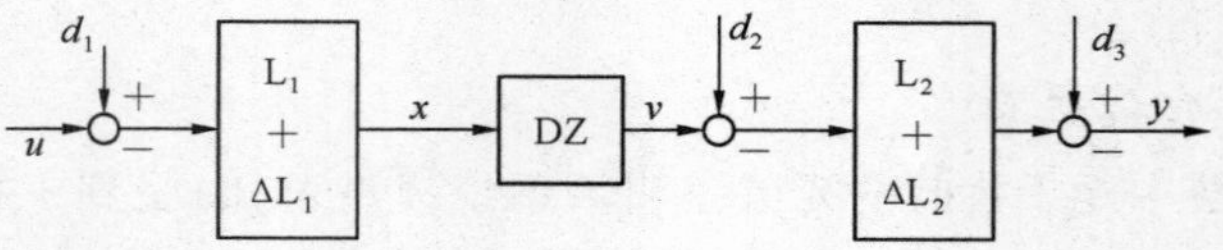

图 5.2 存在模型不确定性和干扰的死区三明治系统结构

$$\Delta \boldsymbol{A}=\begin{bmatrix}\Delta\partial_1\\\Delta\partial_2\\\Delta\partial_3\\\Delta\partial_4\end{bmatrix}=\begin{bmatrix}-0.02 & 0 & 0 & 0\\0 & 0 & 0 & 0\\0 & 0 & -0.05 & 0\\0 & 0 & 0 & 0\end{bmatrix},\quad \Delta \boldsymbol{B}=\begin{bmatrix}\Delta b_1\\\Delta b_2\\\Delta b_3\\\Delta b_4\end{bmatrix}=\boldsymbol{0}$$

所以,广义干扰矩阵和向量为

$$\boldsymbol{B}_{d^*}^{*}=\begin{bmatrix}1 & 0 & 0 & 0 & 0 & 0.4 & 0 & 0\\0 & 1 & 0 & 0 & 0 & 0 & 0 & 0\\0 & 0 & 1 & 0 & 0.25 & 0 & 0.25 & 0\\0 & 0 & 0 & 1 & 0 & 0 & 0 & 0\end{bmatrix},\quad \boldsymbol{d}^*=\begin{bmatrix}\Delta\partial_1\boldsymbol{x}+\Delta b_1 u\\\Delta\partial_2\boldsymbol{x}+\Delta b_2 u\\\Delta\partial_3\boldsymbol{x}+\Delta b_3 u\\\Delta\partial_4\boldsymbol{x}+\Delta b_4 u\\\delta_x\\d_1\\d_2\\d_3\end{bmatrix}$$

$$\boldsymbol{D}_d^*=[0\quad 0\quad 0\quad 0\quad 0\quad 0\quad 0\quad 1]$$

若不考虑鲁棒性,依旧按照原来不考虑模型误差和干扰的情况,根据 3.2 节中的说明,非光滑状态估计观测器的增益为 $\boldsymbol{K}=[0\quad 0\quad 0.1\quad 0.1]^{\mathrm{T}}$,观测器满足收敛条件,非鲁棒观测器的状态估计效果(实线表示真实值,虚线表示估计值)如图 5.3所示,非鲁棒观测器的状态估计误差如图 5.4 所示。由图 5.4 可见,由于没有考虑模型不确定性和干扰的影响,估计误差较大,观测器的估计值不能很好地跟踪各个状态的真实值。

由图 5.5 可知,残差主要能量集中在频率为 $\omega_1=20$ rad/s、$\omega_2=8.7$ rad/s 的位置。根据式(5-11)采用优化算法解得死区鲁棒状态估计观测器的增益矩阵如下

$$\boldsymbol{K}_1=\begin{bmatrix}-0.1608 & 0.0202 & 0.2641 & 0.1441\\-0.1133 & -1.1229 & 1.0060 & 0.2201\\0.1577 & -0.6951 & 1.3853 & 0.2707\\0.2707 & 0.0009 & -0.4056 & 0.7745\end{bmatrix}$$

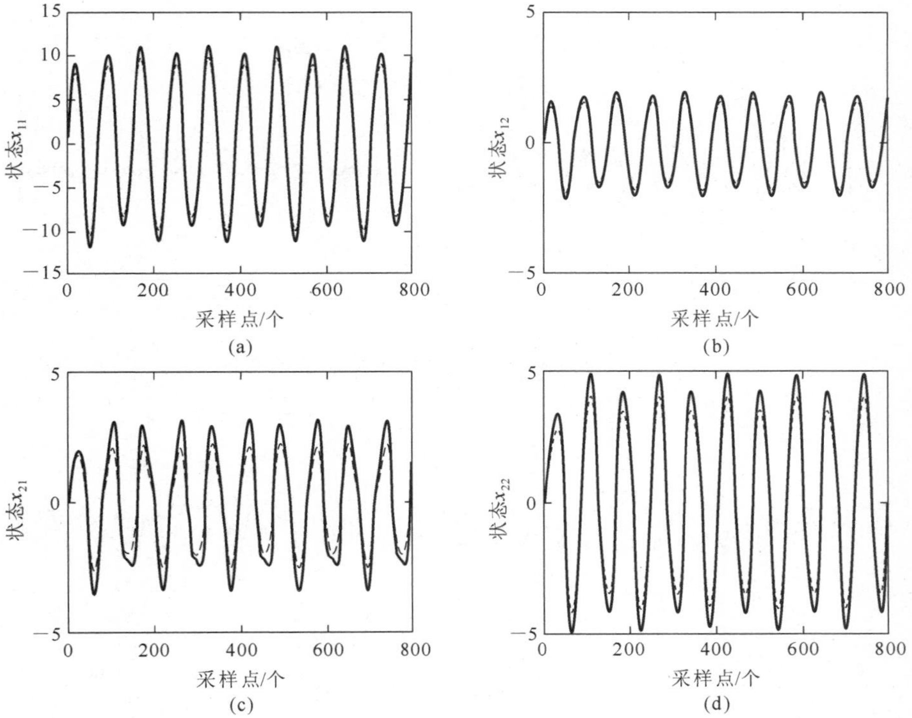

图 5.3　采用非鲁棒观测器的状态估计值

$$\boldsymbol{K}_2 = [1.3499 \quad 3.1156 \quad 1.0134 \quad 2.0434]^{\mathrm{T}}$$

$$\boldsymbol{K}_3 = \begin{bmatrix} -0.5648 & 0.2586 & 0.0501 & 0.0380 \\ 1.2982 & 1.8312 & 1.4956 & 0.5958 \\ 2.8800 & 4.3667 & 2.8072 & 2.8329 \\ 0.2089 & 0.8254 & -0.5924 & -0.1275 \end{bmatrix}$$

$$\boldsymbol{K}_4 = [-0.1433 \quad 0.9856 \quad 3.7589 \quad 2.4626]]^{\mathrm{T}}$$

由于鲁棒观测器较静态观测器具有更多的可设计参数，增加了设计自由度，所以能够更好地抑制干扰。图 5.6 给出了采用动态鲁棒状态估计观测器的状态估计值(实线表示真实值，虚线表示估计值)，图 5.7 给出了采用动态鲁棒状态估计观测器的状态估计误差。比较图 5.6 和图 5.3，图 5.7 和图 5.4 可见，鲁棒状态估计观测器能够较准确地跟踪各个状态，状态估计误差比传统非鲁棒状态估计观测器的估计误差小得多。

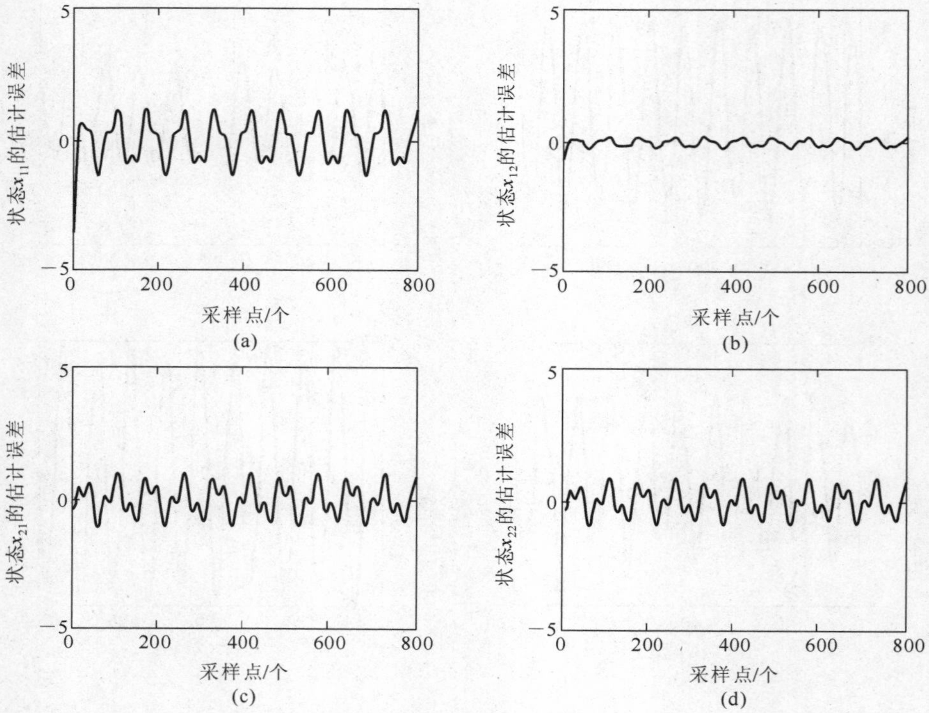

图 5.4　采用非鲁棒观测器的估计误差

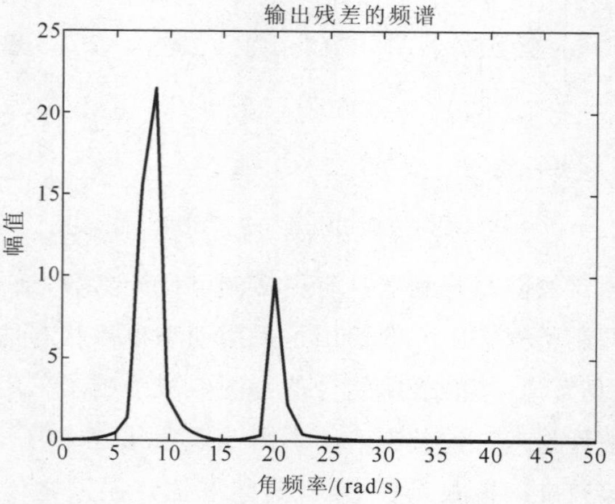

图 5.5　非鲁棒观测器的输出残差频谱图

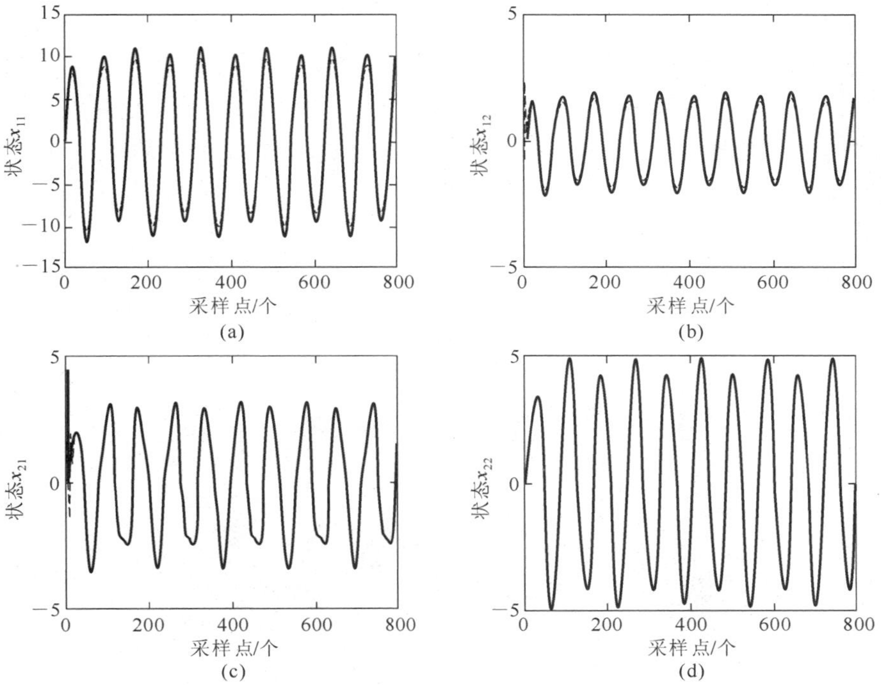

图 5.6　采用鲁棒状态估计观测器的状态估计值

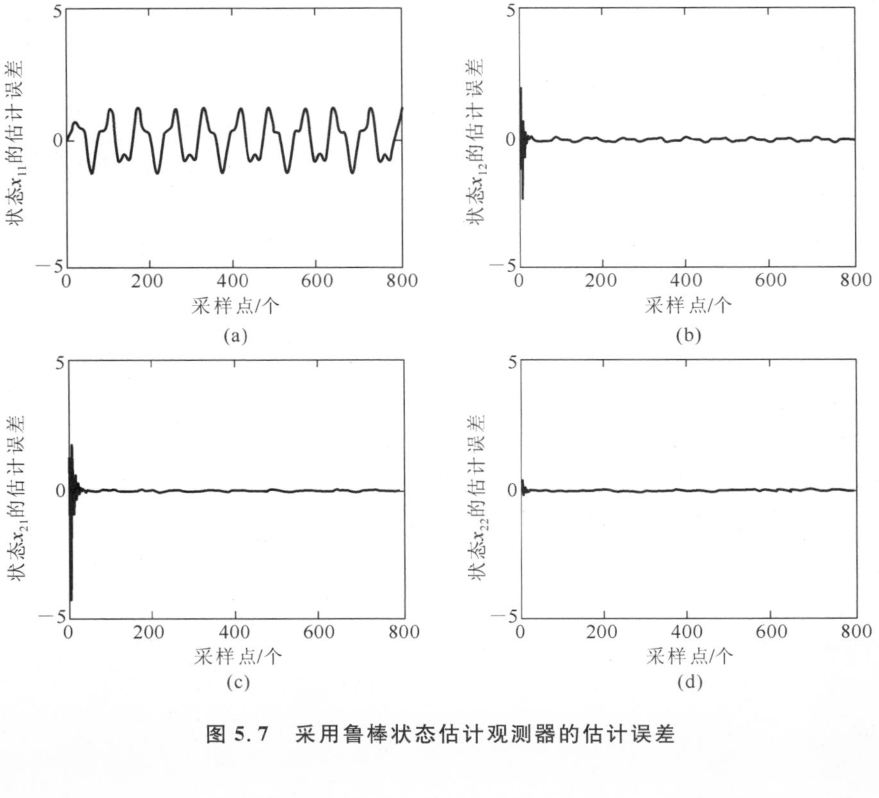

图 5.7　采用鲁棒状态估计观测器的估计误差

5.3.1.2 实验结果

本书提出的鲁棒非光滑状态估计观测器状态估计方法用于对 X-Y 位移定位的宏平台中，X-Y 精密定位平台如图 5.8 所示。每一个直流电动机驱动一个移动轴，直流电动机通过蜗杆将电动机的转动转化为负载的直线运动。电动机由数字信号处理器(DSP)控制，DSP 的型号为 TMS320LF-2407A。每个轴的移动位置由光栅测得，光栅的型号为 RGF2000H125B，光栅的精度为 10 nm。用安捷伦公司出品的 HCTL-2020 积分解码电路对 A、B 两个编码器的信号进行解码，其解码获得的信息就是对负载直线位移的测量采样值。

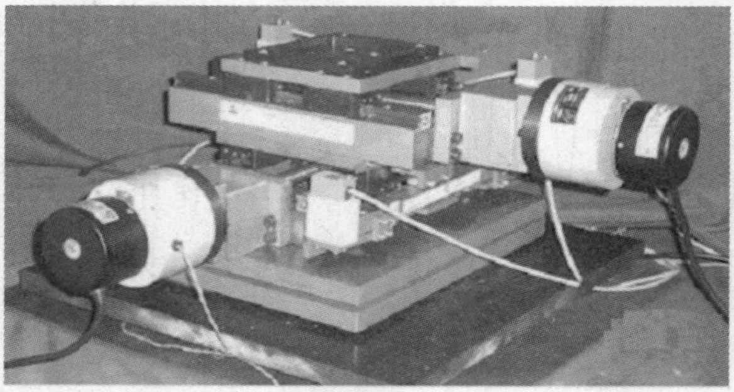

图 5.8 X-Y 精密定位平台

根据文献[67]的辨识模型，在这个系统中，伺服电动机可以认为是一个一阶线性动态子系统 L_1，后面的蜗杆和负载移动可以认为是一个二阶线性的动态子系统 L_2。由于摩擦的原因，电动机和蜗杆都存在死区，所以，每一个轴的运动过程实际上都是典型的死区三明治系统。根据文献[67]的辨识模型，通过将输入-输出模型转化为状态空间模型，可以得到如式(5-13)所示的模型。其中，采样频率为 2 kHz。

$$
\begin{cases}
\text{线性系统 } L_1:[x_{11}(k+1)]=[0.5848][x_{11}(k)]+[0.0823]u(k) \\
\text{死区}:v(k)=DZ(x_{11}(k))=\begin{cases} x_{11}(k)-0.1098, & x_{11}(k)>0.1098 \\ 0, & -0.1173\leqslant x_{11}(k)\leqslant 0.1098 \\ x_{11}(k)+0.1173, & x_{11}(k)<-0.1173 \end{cases} \\
\text{线性系统 } L_2:\begin{bmatrix} x_{21}(k+1) \\ x_{22}(k+1) \end{bmatrix}=\begin{bmatrix} 1.8197 & -0.8246 \\ 1 & 0 \end{bmatrix}\begin{bmatrix} x_{21}(k) \\ x_{22}(k) \end{bmatrix}+\begin{bmatrix} 2.4557 \\ 1.3495 \end{bmatrix}v(k) \\
\text{输出方程}:y(k)=[0\quad 0\quad 1]\begin{bmatrix} x_{11} \\ x_{21} \\ x_{22} \end{bmatrix}
\end{cases}
\tag{5-13}
$$

其中，$u(k)$是电动机的输入电压，单位为 V，可以直接测量得到。x_{11}是第一个线性环节 L_1 的输出，即电动机的输出转矩，单位为 N·m，$v(k)$是经过死区环节后的输出转矩。x_{21}是由输入-输出模型转换为状态空间模型时设定的中间状态变量，没有明确的物理意义。x_{22}是宏平台的移动速度，单位为 mm/s，即系统的输出 $y(k)$可以直接测量得到。对图 3.8 中非鲁棒非光滑状态估计观测器产生的残差进行频谱分析可知，干扰主要频率集中在 $\omega_{r1}=0$ rad/s 和 $\omega_{r2}=6$ rad/s 的低频区，所以取 $z_{r1}=e^{0Tj}$，$z_{r2}=e^{6Tj}$。

主要考虑模型不确定性和测量噪声干扰，其中

$$B_d^* = \begin{bmatrix} 1 & 0 & 0 & 0 & 0 & 0 \\ 0 & 1 & 0 & 2.4557 & 0.2696 & 0 \\ 0 & 0 & 1 & 1.3495 & -0.1482 & 0 \end{bmatrix}$$

$$d^* = \begin{bmatrix} \Delta\partial_1 x + \Delta b_1 u \\ \Delta\partial_2 x + \Delta b_2 u \\ \Delta\partial_3 x + \Delta b_3 u \\ \delta_x(k) \\ d_y \end{bmatrix}$$

$$D_d^* = [0 \quad 0 \quad 0 \quad 0 \quad 1]$$

并取线性上升区为基准区间，根据式(5-11)、式(5-2)所给的鲁棒观测器得到如下的基准区间增益矩阵取值

$$K_1 = \begin{bmatrix} 0.082443 & 0.53205 & 0.92609 \\ 0.099154 & -0.087725 & 0.50782 \\ 0.28801 & 0.81859 & 0.072722 \end{bmatrix}$$

$$K_2 = [-0.93914 \quad 0.12078 \quad 0.40373]^T$$

$$K_3 = \begin{bmatrix} 0.019915 & 0.5446 & 0.064632 \\ 2.9352 & 2.2477 & -0.17807 \\ 1.5128 & 0.13922 & 0.59941 \end{bmatrix}$$

$$K_4 = [-0.11433 \quad 3.266 \quad 1.3633]^T$$

为了进一步说明鲁棒状态估计观测器的良好跟踪效果，以非鲁棒观测器作为基准进行了比较。相应的非鲁棒观测器具体形式如 3.2 节所示，其中非鲁棒非光滑状态估计观测器的反馈矩阵为 $K=[0 \quad 0.98 \quad 0.98]^T$，根据 4.2 节收敛性分析可知，该观测器收敛。两类观测器的初始状态向量均为 $\hat{x}(0)=[0.1 \quad 0.5 \quad 0.2]^T$。图 5.9 表示系统输入电压的变化曲线。图 5.10 给出了非鲁棒状态估计观测器的状态估计值，图 5.11 给出了非鲁棒状态估计观测器的输出跟踪效果，图 5.12 给出了非鲁棒状态估计观测器的输出估计误差，图 5.13 给出了鲁

棒非光滑状态估计观测器的状态估计值(实线表示真实值,虚线表示估计值),图 5.14给出了鲁棒状态估计观测器的输出跟踪效果。分别比较图 5.10和图 5.13以及图 5.11 和图 5.14 可知:鲁棒状态估计观测器的估计效果均好于非鲁棒观测器的估计效果。

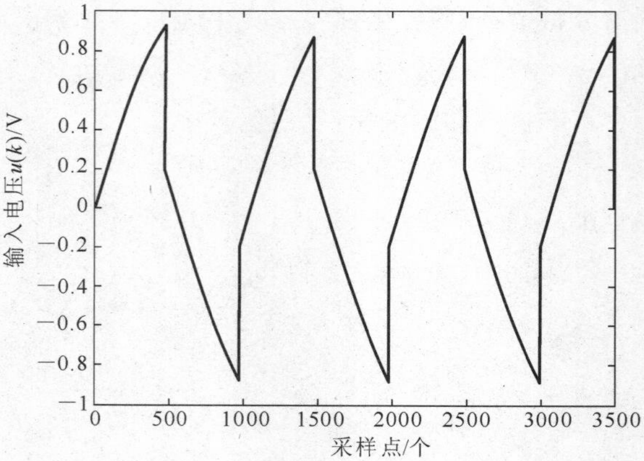

图 5.9　输入电压

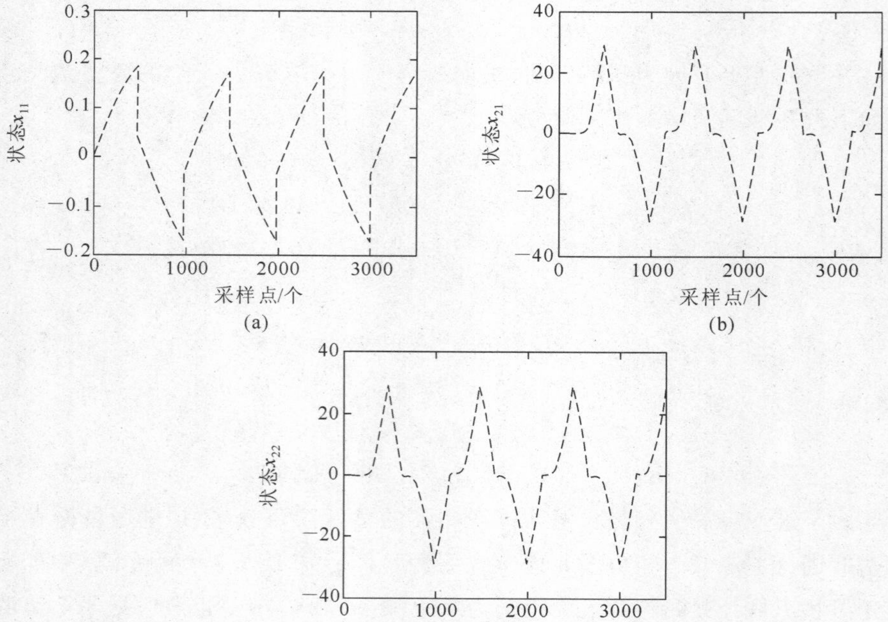

图 5.10　非鲁棒状态估计观测器的状态估计值

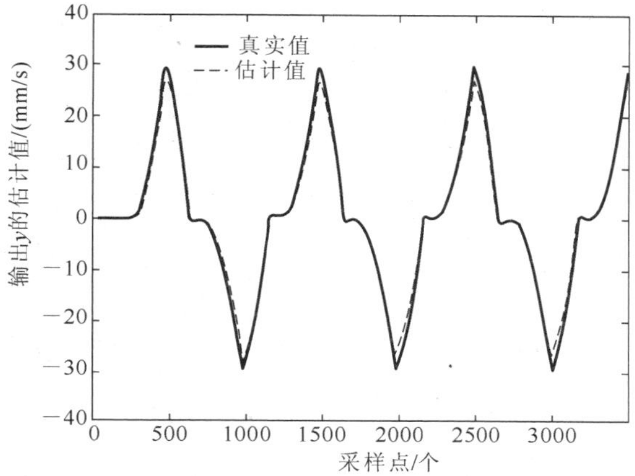

图 5.11　非鲁棒状态估计观测器的输出跟踪效果

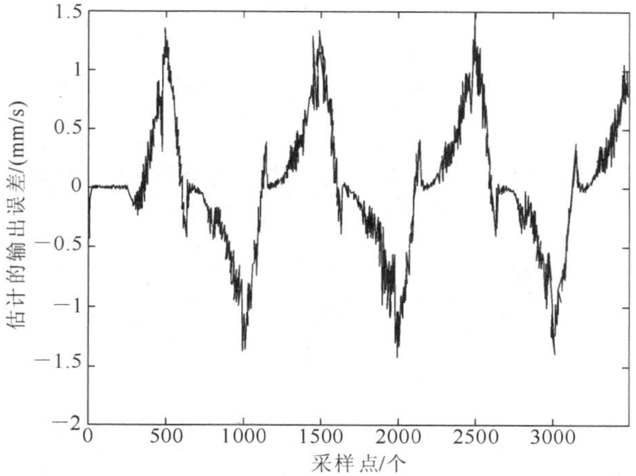

图 5.12　非鲁棒状态估计观测器的输出估计误差

比较图 5.12 和图 5.15 可知，采用非鲁棒观测器时，由于存在模型不确定性和干扰，观测器无法很好地跟踪输出状态，存在周期波动的估计误差，且误差较大。而采用鲁棒状态估计观测器后，输出误差显著减小，而且不再周期性波动，显然，鲁棒状态估计观测器有效抑制了模型误差和干扰影响，使得对状态的估计更准确。

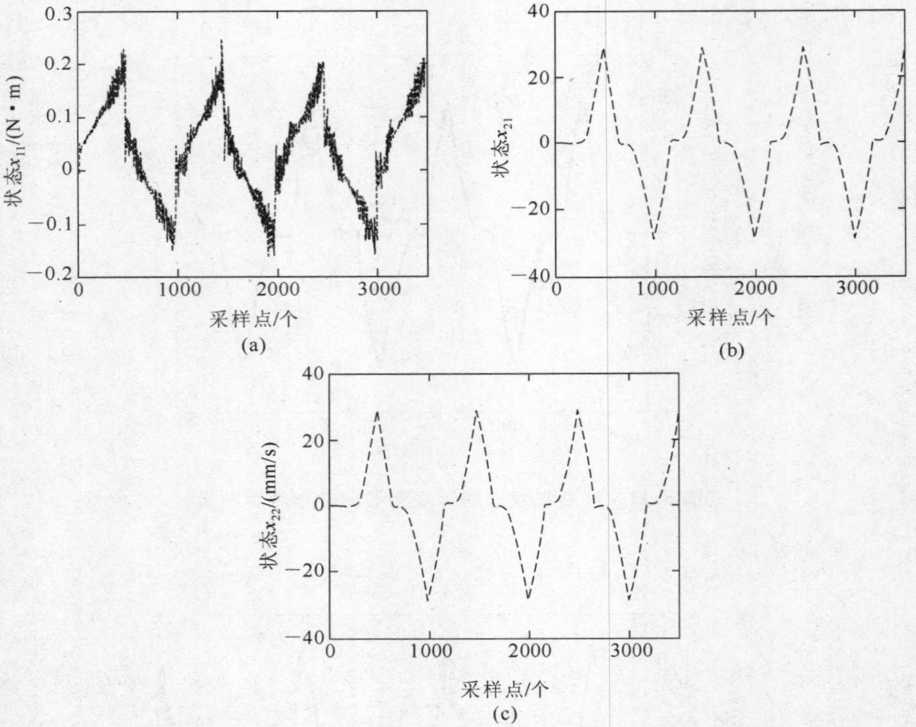

图 5.13　鲁棒非光滑状态估计观测器的状态估计值

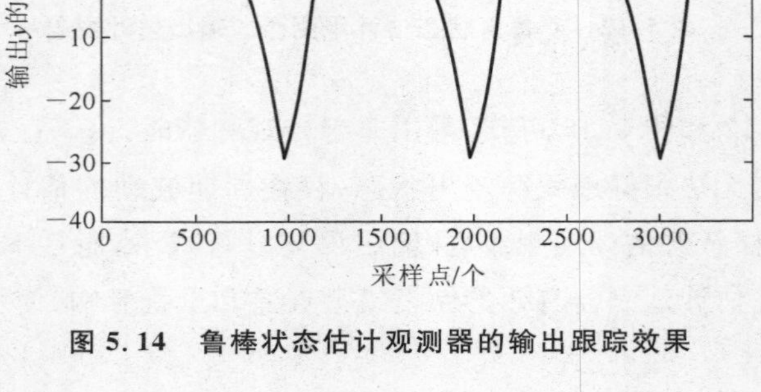

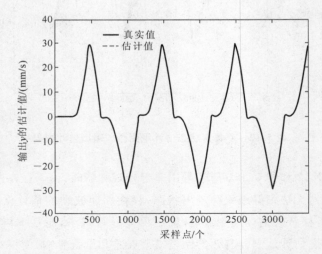

图 5.14　鲁棒状态估计观测器的输出跟踪效果

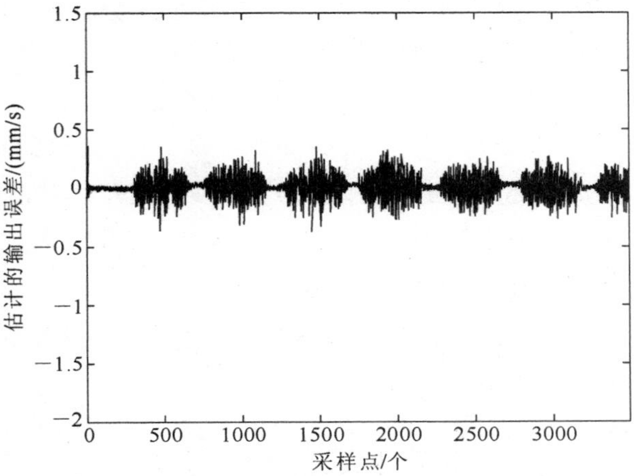

图 5.15　鲁棒状态估计观测器的输出状态估计误差

5.3.2　间隙三明治系统鲁棒状态估计

同理，根据 2.3 节中无干扰的间隙三明治系统模型，考虑干扰时的间隙三明治系统可表示为

$$\begin{cases}\begin{cases}\boldsymbol{x}(k+1)=\boldsymbol{A}_1\boldsymbol{x}(k)+\boldsymbol{B}u(k)+\boldsymbol{\eta}_1(k)+\boldsymbol{B}_d\boldsymbol{d}(k), & x_{12}(k)>v(k-1)+0.04,\Delta x_{12}(k)>0\\ \boldsymbol{x}(k+1)=\boldsymbol{A}_2\boldsymbol{x}(k)+\boldsymbol{B}u(k)+\boldsymbol{\eta}_2(k)+\boldsymbol{B}_d\boldsymbol{d}(k), & \text{其他}\\ \boldsymbol{x}(k+1)=\boldsymbol{A}_3\boldsymbol{x}(k)+\boldsymbol{B}u(k)+\boldsymbol{\eta}_3(k)+\boldsymbol{B}_d\boldsymbol{d}(k), & x_{12}(k)<v(k-1)-0.04,\Delta x_{12}(k)<0\end{cases}\\ \boldsymbol{y}(k)=\boldsymbol{C}\boldsymbol{x}(k)+\boldsymbol{D}_d\boldsymbol{d}(k)\end{cases} \tag{5-14}$$

其中

$$\boldsymbol{A}_1=\boldsymbol{A}_3=\begin{bmatrix}0.82 & 0 & 0 & 0\\ 0.1 & 0.45 & 0 & 0\\ 0 & 0.25 & 0.85 & 0\\ 0 & 0 & 0.2 & 0.9\end{bmatrix},\quad \boldsymbol{A}_2=\begin{bmatrix}0.82 & 0 & 0 & 0\\ 0.1 & 0.45 & 0 & 0\\ 0 & 0 & 0.85 & 0\\ 0 & 0 & 0.2 & 0.9\end{bmatrix}$$

$$\boldsymbol{B}=\begin{bmatrix}0.4\\ 0\\ 0\\ 0\end{bmatrix},\quad \boldsymbol{\eta}_1=\begin{bmatrix}0\\ 0\\ -0.01\\ 0\end{bmatrix},\quad \boldsymbol{\eta}_2=\begin{bmatrix}0\\ 0\\ 0.25v(k-1)\\ 0\end{bmatrix}$$

$$\boldsymbol{\eta}_3=\begin{bmatrix}0\\ 0\\ 0.01\\ 0\end{bmatrix},\quad \boldsymbol{C}=\begin{bmatrix}0 & 0 & 0 & 1\end{bmatrix}$$

$u(k)=6\sin(8Tk)$，采样周期 $T=0.01$ s，其中，$\boldsymbol{x}(k)=[x_{11}\quad x_{12}\quad x_{21}\quad x_{22}]^{\mathrm{T}}$，为了不失一般性，假设外干扰为如下信号

$$\begin{aligned}\boldsymbol{d}(k)&=[d_1(k)\quad d_2(k)\quad d_3(k)]^{\mathrm{T}}\\&=[0.2\sin(20Tk)\quad 0.4\sin(20Tk)\quad 0.01\sin(20Tk)]^{\mathrm{T}}\end{aligned}$$

其中，$d_1(k)$为输入 $u(k)$处的正弦干扰，$d_2(k)$为第二个线性环节前的输入干扰（负载输入干扰），$d_3(k)$为输出的噪声，图 5.16 所示为存在干扰和模型不确定性的间隙三明治系统示意图。图中，L_1 和 L_2 分别表示间隙三明治系统的前端和后端输入环节，$\Delta\mathrm{L}_1$ 和 $\Delta\mathrm{L}_2$ 分别表示模型的误差，BL 表示中间的间隙环节。

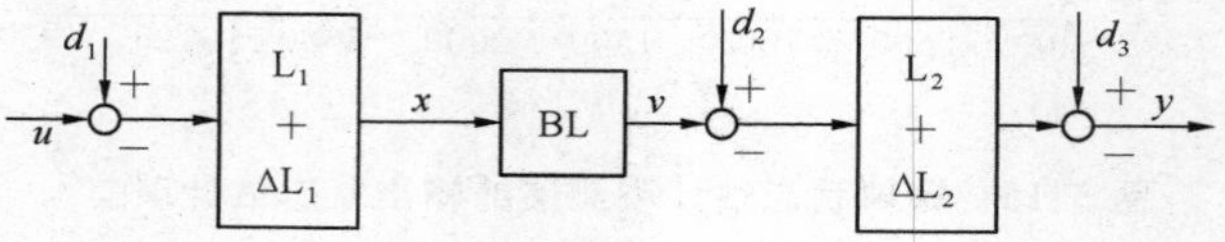

图 5.16　存在模型不确定性和干扰的间隙三明治系统

对图 5.16 进行分析，可以得到外干扰分布矩阵，为

$$\boldsymbol{B}_d=\begin{bmatrix}0&0&0.4\\0&0&0\\0.25&0&0\\0&0&0\end{bmatrix},\quad \boldsymbol{D}_d=[0\quad 0\quad 1]$$

假设模型不确定性矩阵为

$$\Delta\boldsymbol{A}=\begin{bmatrix}\Delta\partial_1\\\Delta\partial_2\\\Delta\partial_3\\\Delta\partial_4\end{bmatrix}=\begin{bmatrix}-0.02&0&0&0\\0&0&0&0\\0&0&-0.05&0\\0&0&0&0\end{bmatrix}$$

$$\boldsymbol{B}_d^*=\begin{bmatrix}1&0&0&0&0&0.4&0&0\\0&1&0&0&0&0&0&0\\0&0&1&0&0.25&0&0.25&0\\0&0&0&1&0&0&0&0\end{bmatrix}$$

$$\Delta\boldsymbol{B}=\begin{bmatrix}\Delta b_1\\\Delta b_2\\\Delta b_3\\\Delta b_4\end{bmatrix}=\boldsymbol{0}$$

$$
\boldsymbol{d}^{*}=\begin{bmatrix}\Delta\partial_{1}\boldsymbol{x}+\Delta b_{1}u\\ \Delta\partial_{2}\boldsymbol{x}+\Delta b_{2}u\\ \Delta\partial_{3}\boldsymbol{x}+\Delta b_{3}u\\ \Delta\partial_{4}\boldsymbol{x}+\Delta b_{4}u\\ \delta_{x}\\ d_{1}\\ d_{2}\\ d_{3}\end{bmatrix},\quad \boldsymbol{D}_{d}^{*}=\begin{bmatrix}0&0&0&0&0&0&0&1\end{bmatrix}
$$

若不考虑鲁棒性，依旧按照原来不考虑模型误差和干扰的情况，根据 3.3 节中间隙三明治系统观测器的设计，取观测器的增益为 $\boldsymbol{K}=[0\quad 0\quad 0.1\quad 0.1]^{\mathrm{T}}$，观测器满足收敛条件，状态估计效果如图 5.17 所示(实线表示真实值，虚线表示估计值)，非鲁棒观测器的状态估计误差如图 5.18 所示。

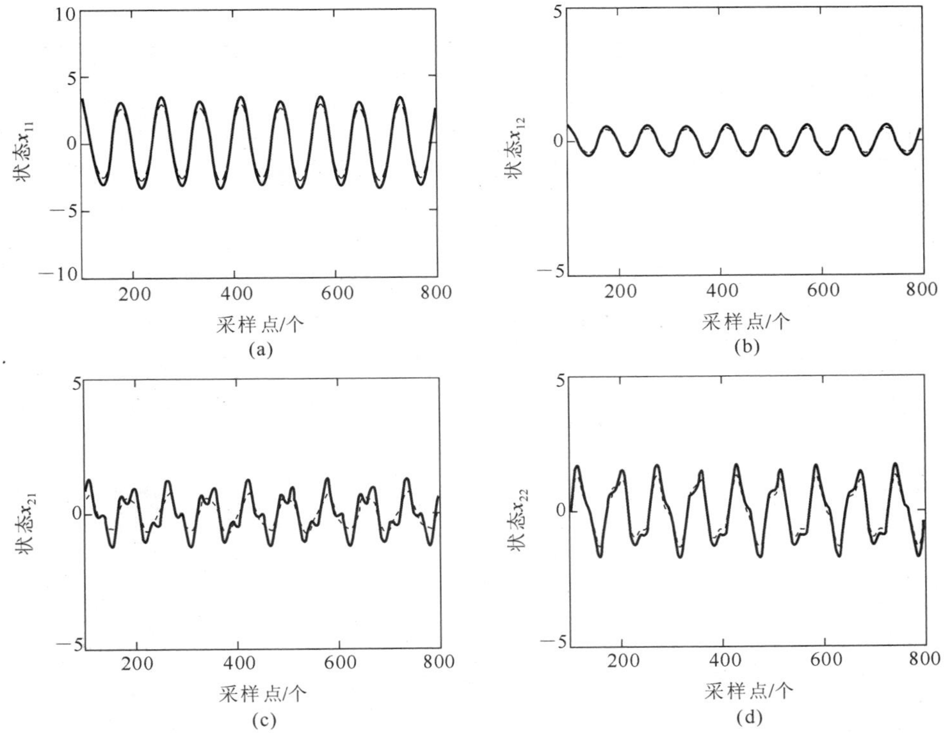

图 5.17　采用非鲁棒观测器的估计值

由图 5.17 和图 5.18 可见，由于没有考虑模型不确定性和干扰的影响，估计误差较大，非鲁棒观测器的估计值不能很好地跟踪各个状态的真实值。

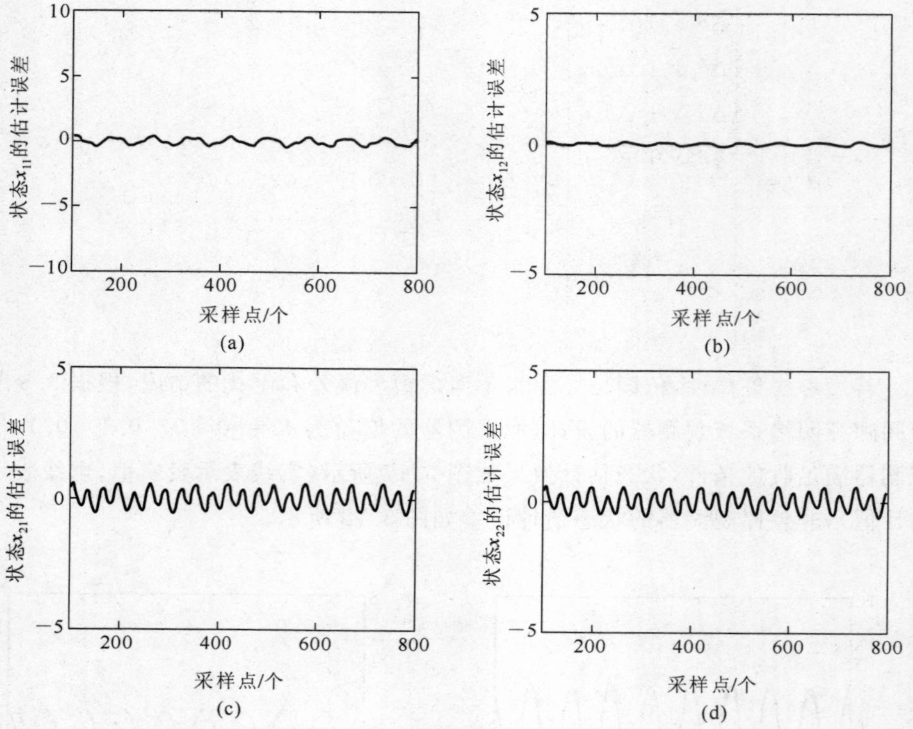

图 5.18　采用非鲁棒观测器的估计误差

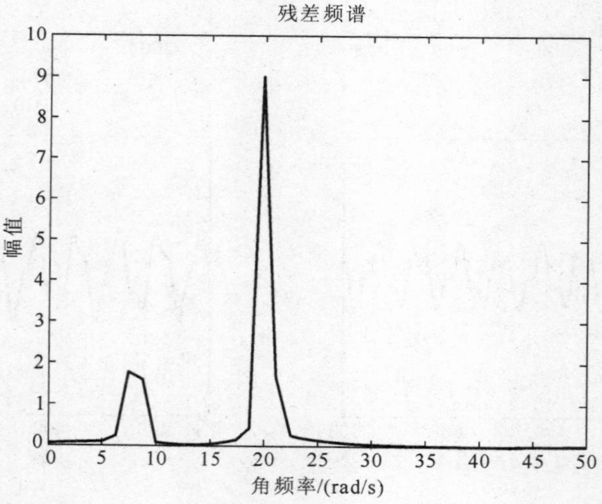

图 5.19　非鲁棒观测器的输出残差频谱图

由于动态观测器较静态观测器具有更多的可设计参数，增加了设计自由度，所以能够更好地抑制干扰。由图 5.19 可知，非鲁棒观测器的残差主要能量集中

在频率 $\omega_1=20$ rad/s、$\omega_2=7.4$ rad/s 的位置，根据式(5-11)采用优化算法解得其他增益矩阵的值，具体取值如下

$$\boldsymbol{K}_1=\begin{bmatrix}1.0999 & -0.3871 & -0.1975 & -0.3324\\ -0.1215 & -0.3454 & 0.7188 & 0.3847\\ 1.1472 & 0.9994 & -0.3689 & -0.4670\\ -0.5093 & 0.3566 & 0.1042 & 0.0392\end{bmatrix}$$

$$\boldsymbol{K}_2=[0.4684\quad -0.7619\quad 1.4397\quad 0.7534]^{\mathrm{T}}$$

$$\boldsymbol{K}_3=\begin{bmatrix}-0.3658 & -3.2833 & 0.0511 & -2.4551\\ 0.0431 & 0.9705 & 1.5332 & 2.4945\\ 1.1007 & 2.1766 & 3.5057 & 3.0763\\ 1.0821 & -1.7065 & -0.4845 & 0.4801\end{bmatrix}$$

$$\boldsymbol{K}_4=[2.4705\quad 1.2958\quad 3.1622\quad 0.5420]^{\mathrm{T}}$$

图 5.20 给出了采用鲁棒状态估计观测器的状态估计值(实线表示真实值，虚线表示估计值)，图 5.21 给出了采用鲁棒状态估计观测器的状态估计误差。比较图 5.20 和图 5.17，图 5.21 和图 5.18 可见，鲁棒状态估计观测器能够较准确地跟踪各个状态，状态估计误差比非鲁棒状态估计观测器的估计误差小得多。

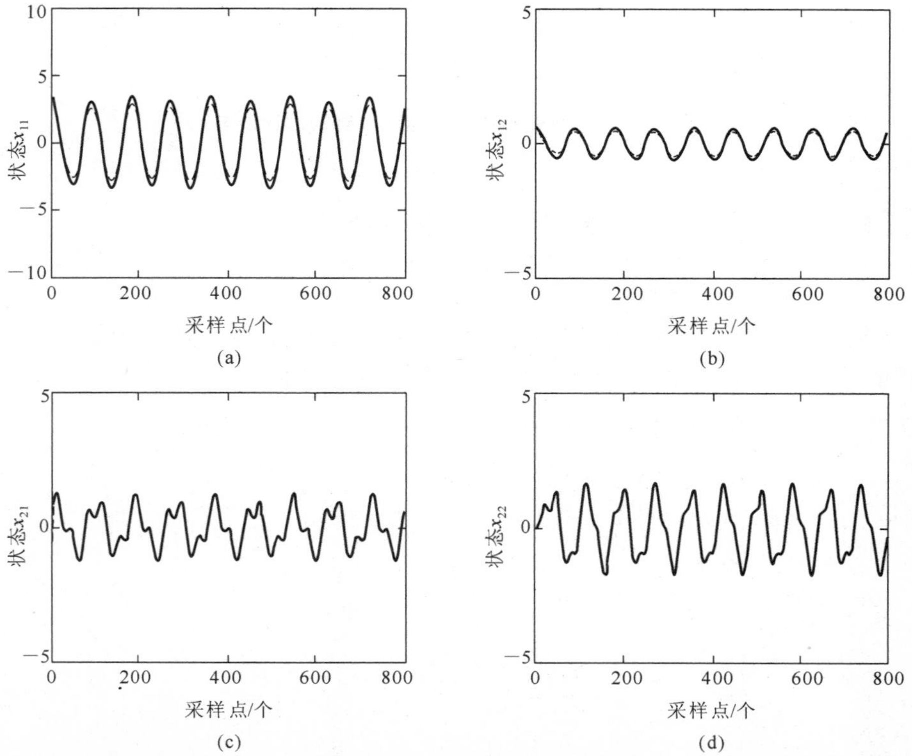

图 5.20　采用鲁棒状态估计观测器的状态估计值

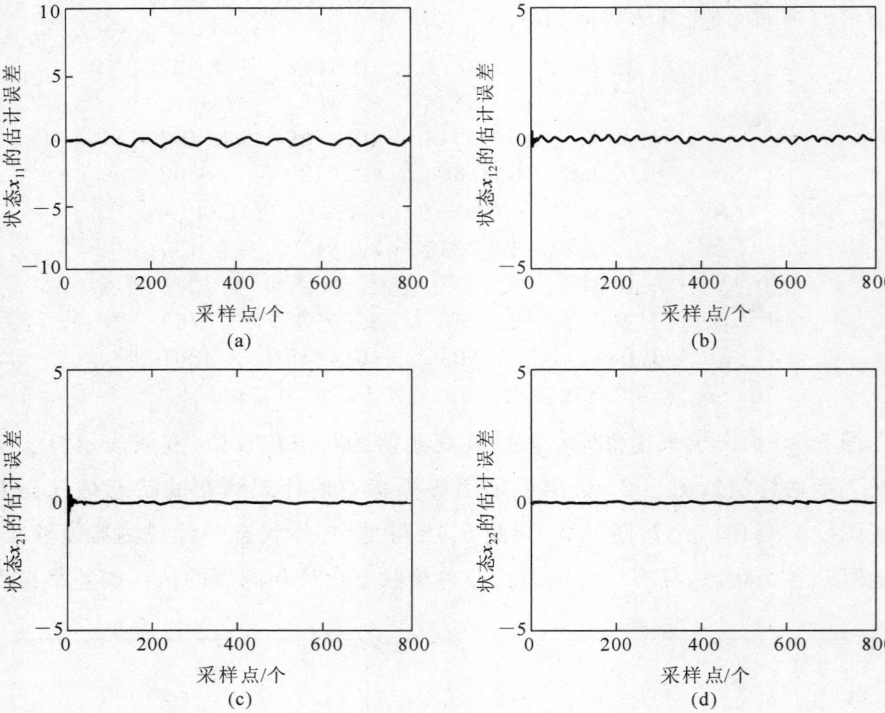

图 5.21 采用鲁棒状态估计观测器的估计误差

5.3.3 迟滞三明治系统鲁棒状态估计

5.3.3.1 仿真结果

根据 2.4 节中迟滞三明治系统模型，带干扰的迟滞三明治系统可表示如下

$$\begin{cases} \boldsymbol{x}(k+1) = \boldsymbol{A}(k)\boldsymbol{x}(k) + \boldsymbol{B}u(k) + \boldsymbol{\eta}(k) + \boldsymbol{B}_d\boldsymbol{d}(k) \\ \boldsymbol{y}(k) = \boldsymbol{C}\boldsymbol{x}(k) + \boldsymbol{D}_d\boldsymbol{d}(k) \end{cases} \tag{5-15}$$

其中

$$\boldsymbol{A}(k) = \begin{bmatrix} 0.82 & 0 & 0 & 0 \\ 0.1 & 0.45 & 0 & 0 \\ 0 & 0.25\sum_{i=1}^{7}(1-g_{3i}(k)) & 0.85 & 0 \\ 0 & 0 & 0.2 & 0.9 \end{bmatrix}, \quad \boldsymbol{B} = \begin{bmatrix} 0.1 \\ 0 \\ 0 \\ 0 \end{bmatrix}$$

$$\boldsymbol{\eta}(k)=\begin{bmatrix}0\\0\\0.25\sum_{i=1}^{7}((1-g_{3i}(k))(\frac{c_i}{2}g_{2i}(k)-\frac{c_i}{2}g_{1i}(k))+g_{3i}(k)v_i(k-1))\\0\end{bmatrix}$$

g_{1i}、g_{2i}、g_{3i}都表示切换函数，它们的取值取决于迟滞环节前的输入变量值。这里，这些切换函数引起的不确定项都被认为是干扰项，因此其具体表达式不再写出。

其中，$u(k)=5\sin(6Tk)$，采样周期 $T=0.01$ s。为了不失一般性，假设外干扰为如下信号：$\boldsymbol{d}(k)=[d_1(k)\quad d_2(k)\quad d_3(k)]^{\mathrm{T}}=[0.2\sin(20Tk)\quad 0.4\sin(20Tk)\quad 0.01\sin(20Tk)]^{\mathrm{T}}$。$d_1(k)$为输入 $u(k)$处的正弦干扰，$d_2(k)$为第二个线性环节前的输入干扰(负载输入干扰)，$d_3(k)$为输出的噪声。图 5.22 所示为存在干扰和模型不确定性的迟滞三明治系统，对图 5.22 进行分析，可以得到外干扰分布矩阵，为

$$\boldsymbol{B}_d=\begin{bmatrix}0&0&0.1\\0&0&0\\0.25&0&0\\0&0&0\end{bmatrix}$$

$$\boldsymbol{D}_d=[0\quad 0\quad 1]$$

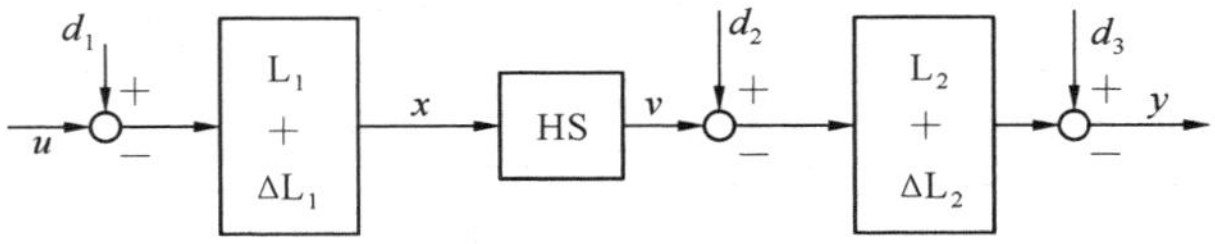

图 5.22　存在模型不确定性和干扰的迟滞三明治系统结构

假设模型不确定性矩阵为

$$\Delta\boldsymbol{B}=\begin{bmatrix}\Delta b_1\\\Delta b_2\\\Delta b_3\\\Delta b_4\end{bmatrix}=\boldsymbol{0}$$

$$\Delta\boldsymbol{A}=\begin{bmatrix}\Delta\partial_1\\\Delta\partial_2\\\Delta\partial_3\\\Delta\partial_4\end{bmatrix}=\begin{bmatrix}-0.02&0&0&0\\0&0&0&0\\0&0&-0.05&0\\0&0&0&0\end{bmatrix}$$

$$
\boldsymbol{d}^{*}=\begin{bmatrix}\Delta\partial_1\boldsymbol{x}+\Delta b_1 u\\ \Delta\partial_2\boldsymbol{x}+\Delta b_2 u\\ \Delta\partial_3\boldsymbol{x}+\Delta b_3 u\\ \Delta\partial_4\boldsymbol{x}+\Delta b_4 u\\ \delta_x\\ d_1\\ d_2\\ d_3\end{bmatrix},\quad \boldsymbol{D}_d^{*}=[0\ \ 0\ \ 0\ \ 0\ \ 0\ \ 0\ \ 0\ \ 1]
$$

根据 3.4.3 节中关于迟滞非光滑三明治系统非光滑状态估计观测器的设计，取观测器增益为 $\boldsymbol{K}=[0\ \ 0\ \ 0.1\ \ 0.1]^{\mathrm{T}}$，观测器满足收敛条件，状态估计效果(实线表示真实值，虚线表示估计值)如图 5.23 所示，非鲁棒观测器的状态估计误差如图 5.24 所示。由图 5.23 和图 5.24 可见，由于没有考虑模型不确定性和干扰的影响，估计误差较大，观测器的估计值不能很好地跟踪各个状态的真实值。

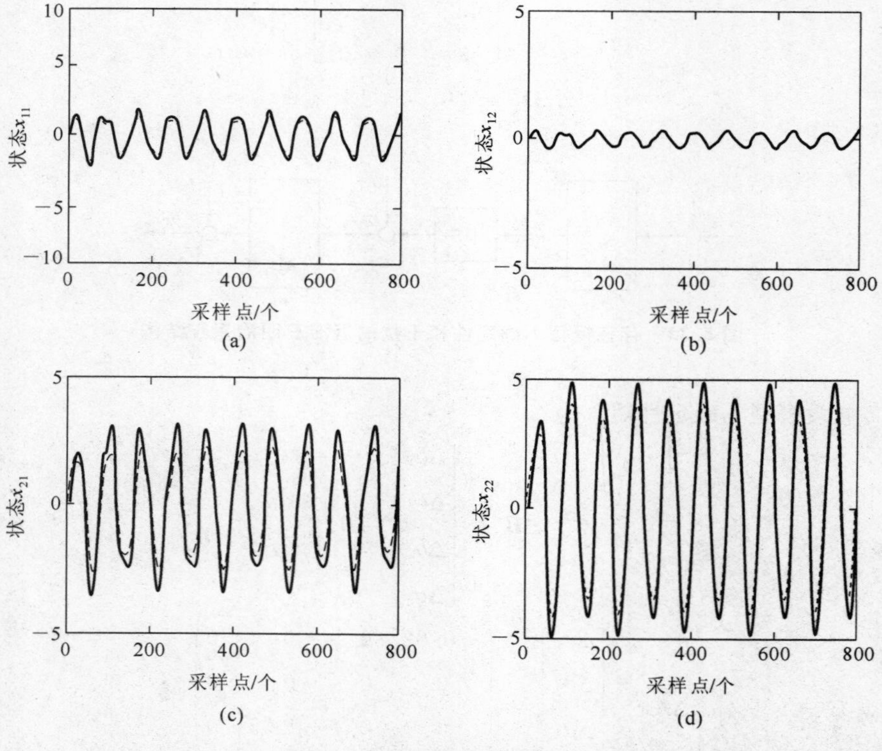

图 5.23　非鲁棒观测器的状态估计值

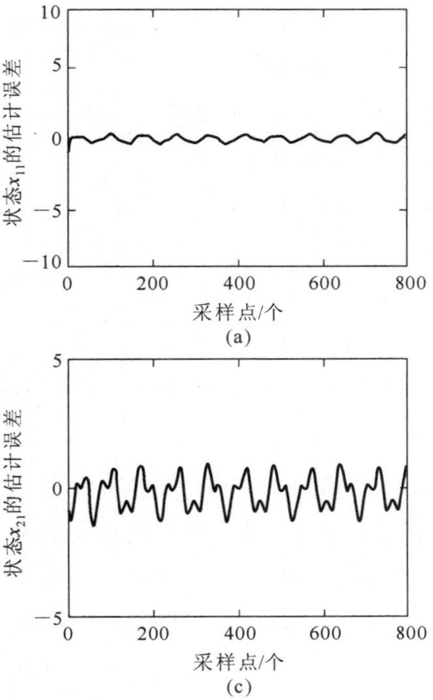

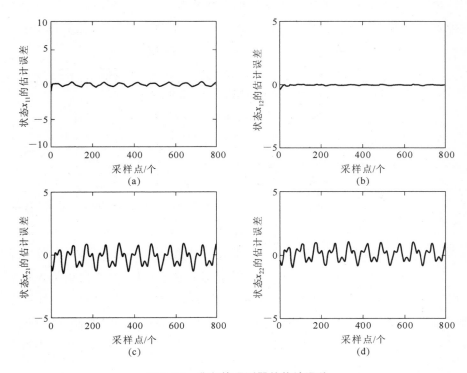

图 5.24　非鲁棒观测器的估计误差

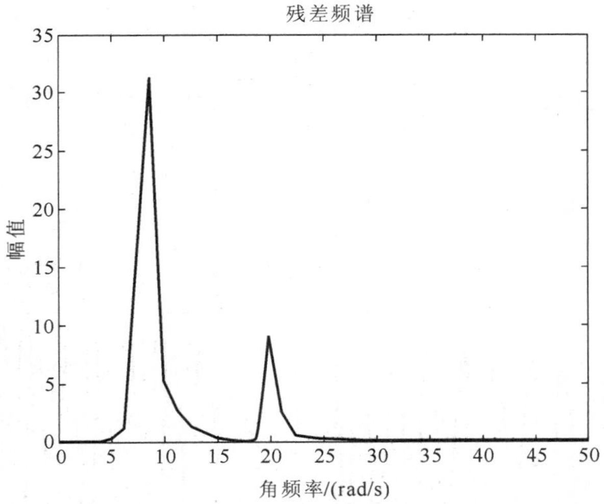

图 5.25　非鲁棒观测器的输出残差频谱图

由于鲁棒状态观测器较非鲁棒状态观测器具有更多的可设计参数，增加了设计自由度，所以能够更好地抑制干扰。

由图 5.25 可知，残差主要能量集中在频率为 $\omega_1=20\ \mathrm{rad/s}$，$\omega_2=6.2\ \mathrm{rad/s}$ 的位置。根据式(5-11)采用优化算法解得其他增益矩阵的值，具体取值如下

$$\boldsymbol{K}_1=\begin{bmatrix}0.2553 & -0.1044 & -0.7794 & 0.0888\\ -1.5264 & 0.1183 & -0.9544 & 0.2871\\ 0.7720 & 1.1915 & -0.9798 & 1.4110\\ 0.2538 & -0.4983 & 0.0376 & 0.4087\end{bmatrix}$$

$$\boldsymbol{K}_2=[0.5955\quad 1.5267\quad 0.3207\quad -0.2561]^{\mathrm{T}}$$

$$\boldsymbol{K}_3=\begin{bmatrix}0.4570 & 0.3314 & 0.8274 & 0.1187\\ 0.8439 & 1.4814 & 0.5636 & -0.0946\\ 2.0133 & 4.3179 & -1.2078 & -0.2877\\ 1.2139 & -0.7223 & 0.7261 & 1.2088\end{bmatrix}$$

$$\boldsymbol{K}_4=[-0.4517\quad 1.1672\quad 7.2812\quad 0.6970]^{\mathrm{T}}$$

图 5.26 给出了采用鲁棒状态估计观测器的状态估计值(实线表示真实值，虚线表示估计值)，图 5.27 给出了采用鲁棒状态估计观测器的状态估计误差。比较图 5.26 和图 5.23、图 5.27 和图 5.24 可见，鲁棒状态估计观测器能够较准确地跟踪各个状态，状态估计误差比非鲁棒状态估计观测器的估计误差小得多。

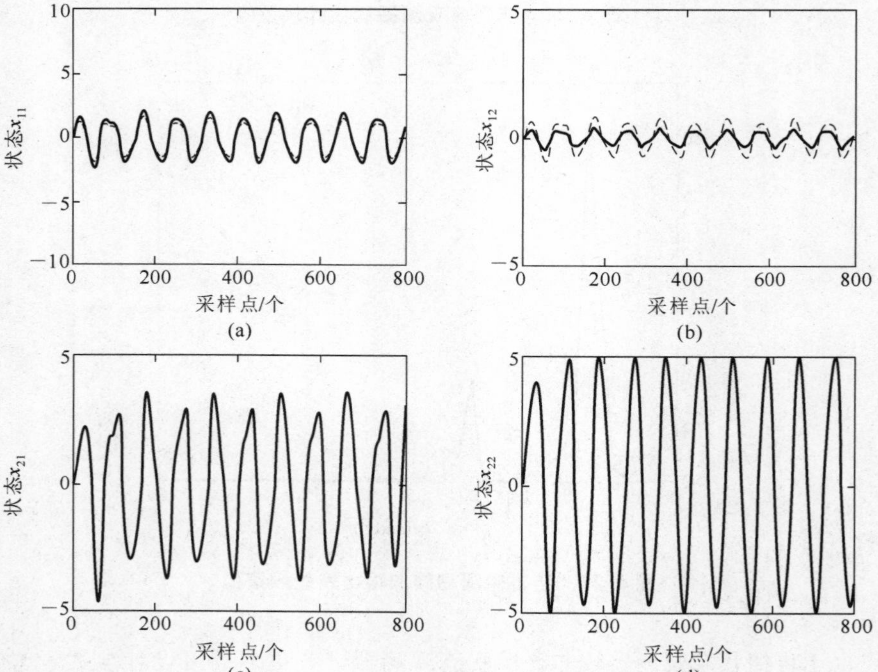

图 5.26　鲁棒状态估计观测器的状态估计值

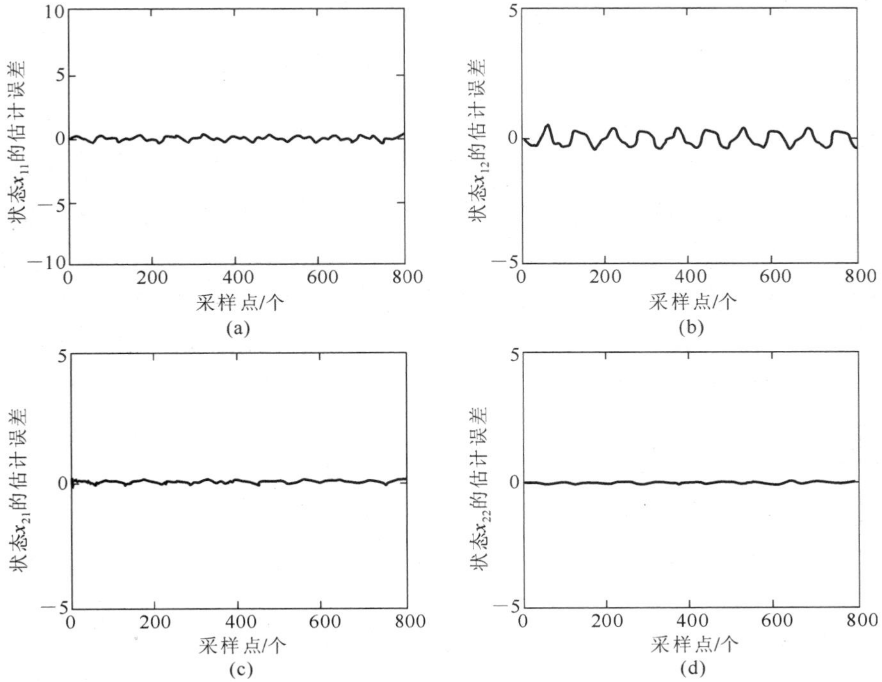

图 5.27　鲁棒状态估计观测器的估计误差

5.3.3.2　实验结果

采用 PI 公司的 PZT-753.21C 压电陶瓷微位移执行器来验证本书所提出的非光滑状态估计观测器的跟踪效果，额定电压输入范围是 0～10 V，额定输出位移为 0～10 μm，数据采集系统由 Advantech 公司生产的 PCI-1716L 和PCI-1723 构成，在 Windows98 下采用 Borland C 3.1 编写采集程序，采集频率为30 kHz。实验中，L_1 描述电压放大和滤波器的特性，阶数为一阶，H 则描述压电陶瓷的迟滞压电效应，L_2 描述柔性铰链位移放大装置的特性，阶数为二阶。文献[68]对以上迟滞三明治系统进行了辨识，本书根据文献[68]辨识出的系统输入-输出模型建立了描述系统的状态空间方程。

前端线性环节 L_1：

$$[x_{11}(k+1)]=[0.223][x_{11}(k)]+[0.162]u(k)$$

后端线性环节 L_2：

$$\begin{bmatrix}x_{21}(k+1)\\x_{22}(k+1)\end{bmatrix}=\begin{bmatrix}1.405 & -0.706\\1 & 0\end{bmatrix}\begin{bmatrix}x_{21}(k)\\x_{22}(k)\end{bmatrix}+\begin{bmatrix}1.405\\1\end{bmatrix}v(k)$$

迟滞采用 100 个间隙算子叠加而成

$$H(x_{11}(k)) = v(k) = \begin{cases} \sum_{i=1}^{100} w_i(x_{12}(k) - \frac{c_i}{2}), & x_{11}(k) > z_i(k-1) + \frac{c_i}{2}, \Delta x_{11}(k) > 0 \\ \sum_{i}^{100} w_i z_i(k-1), & \text{其他} \\ \sum_{i=1}^{7} w_i(x_{12}(k) + \frac{c_i}{2}), & x_{11}(k) < z_i(k-1) - \frac{c_i}{2}, \Delta x_{11}(k) < 0 \end{cases}$$

对图 3.26 中非鲁棒状态估计观测器的残差频谱分析可知，干扰主要频率集中在 $\omega_{r1}=2.5$ rad/s，$\omega_{r2}=6$ rad/s 的低频区，所以取 $z_{r1}=e^{2.5Tj}$，$z_{r2}=e^{6Tj}$。

主要考虑模型不确定性和测量噪声干扰，则广义干扰分布矩阵和广义干扰如下

$$\boldsymbol{B}_d^* = \begin{bmatrix} 1 & 0 & 0 & 0 & 0 \\ 0 & 1 & 0 & 1.405 & 0 \\ 0 & 0 & 1 & 1 & 0 \end{bmatrix}$$

$$\boldsymbol{d}^* = \begin{bmatrix} \Delta\partial_1 \boldsymbol{x} + \Delta b_1 u \\ \Delta\partial_2 \boldsymbol{x} + \Delta b_2 u \\ \Delta\partial_3 \boldsymbol{x} + \Delta b_3 u \\ \delta_x(k) \\ d_y \end{bmatrix}$$

$$\boldsymbol{D}_d^* = [0 \quad 0 \quad 0 \quad 0 \quad 1]$$

并取迟滞线性化后的系统为基准系统，鲁棒动态观测器得到增益矩阵取值如下

$$\boldsymbol{K}_1 = \begin{bmatrix} 0.5180 & 1.1600 & -0.8276 \\ 0.1872 & -0.0344 & 0.3113 \\ 0.2844 & -0.5958 & -0.9495 \end{bmatrix}$$

$$\boldsymbol{K}_2 = [0.2063 \quad 0.6693 \quad -0.0691]^{\mathrm{T}}$$

$$\boldsymbol{K}_3 = \begin{bmatrix} 0.2544 & 1.5806 & 0.9064 \\ 0.3501 & 0.6346 & 0.2479 \\ 0.0628 & 0.5573 & 0.5185 \end{bmatrix}$$

$$\boldsymbol{K}_4 = [0.3777 \quad 3.4510 \quad 2.4330]^{\mathrm{T}}$$

为了进一步说明鲁棒状态估计观测器的良好跟踪效果，以非鲁棒状态估计观测器作为比较对象。相应的非光滑状态估计观测器具体形式如 3.4 节中所示，其中非光滑状态估计观测器的反馈矩阵为 $\boldsymbol{K}=[0 \quad 0.98 \quad 0.98]^{\mathrm{T}}$。两类观测器的初始状态向量均为 $\hat{\boldsymbol{x}}(0)=[0.1 \quad 0.5 \quad 0.2]^{\mathrm{T}}$。

图 5.28 表示系统输入电压的变化曲线，图 5.29 给出了非鲁棒状态估计观

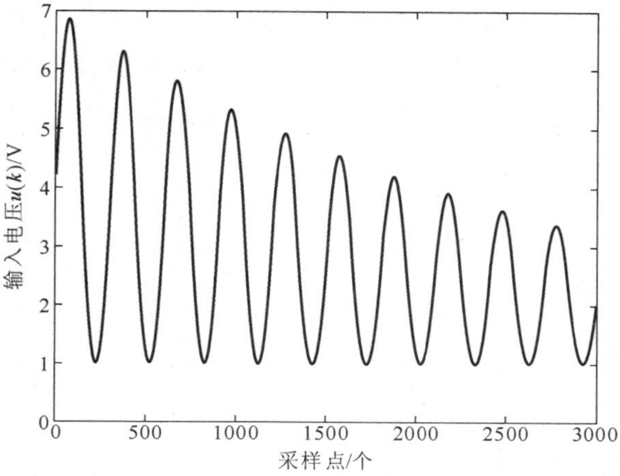

图 5.28　输入电压

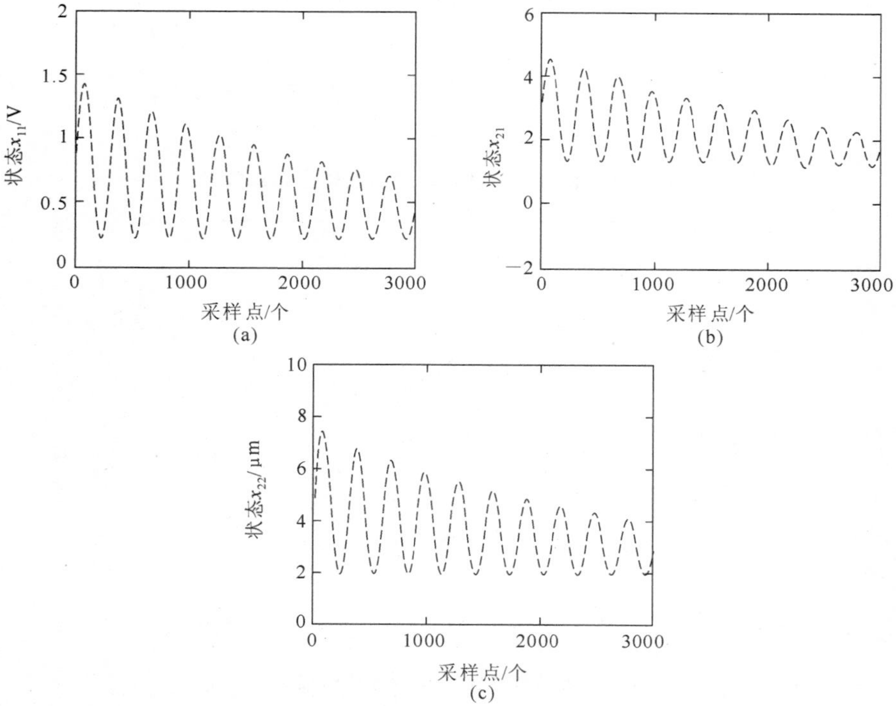

图 5.29　非鲁棒状态估计观测器的状态估计值

测器的状态估计值，图 5.30 给出了非鲁棒状态估计观测器的输出跟踪效果，图 5.31给出了非鲁棒状态估计观测器的输出估计误差，图 5.32 给出了鲁棒状态估计观测器的状态估计值，图 5.33 给出了鲁棒状态估计观测器的输出跟踪效果，图 5.34 给出了鲁棒状态估计观测器的输出估计误差。其中，图 5.29 和图 5.32中的虚线表示估计值，而图 5.30 和图 5.33 中虚线表示估计值，实线表示真实值。比较图 5.30和图 5.33可知，鲁棒状态估计观测器对输出的估计较非鲁棒状态观测器准确。

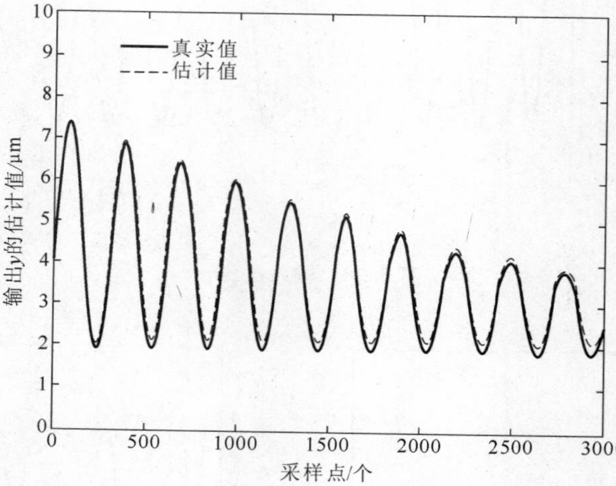

图 5.30　非鲁棒状态估计观测器的输出跟踪效果

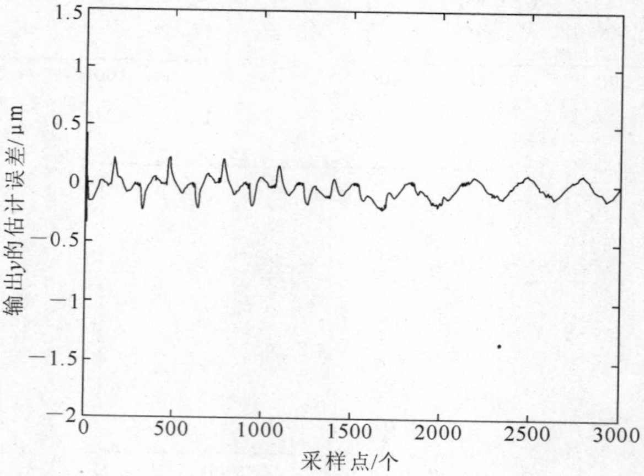

图 5.31　非鲁棒状态估计观测器的输出估计误差

比较图 5.31 和图 5.34 可知，采用非鲁棒状态估计观测器时，由于存在模型不确定性和干扰，观测器无法很好地跟踪输出状态，存在周期波动的估计误差，且误差较大。而采用鲁棒状态估计观测器后，输出误差显著减小，而且不再周期性波动，显然，鲁棒状态估计观测器有效抑制了模型误差和干扰影响，使得对状态的估计更准确。

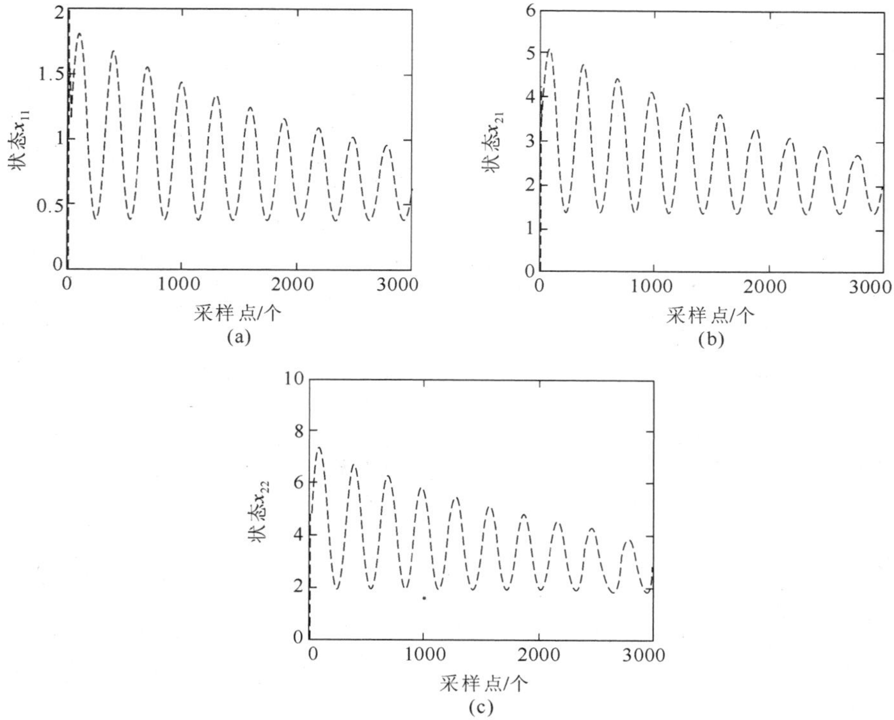

图 5.32　鲁棒状态估计观测器的状态估计值

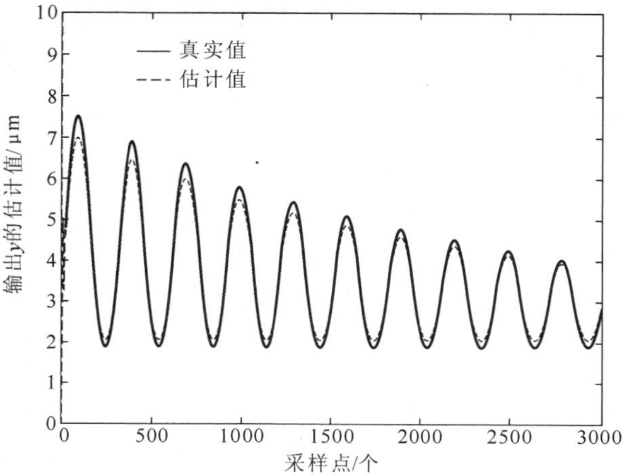

图 5.33　鲁棒状态估计观测器的输出跟踪效果

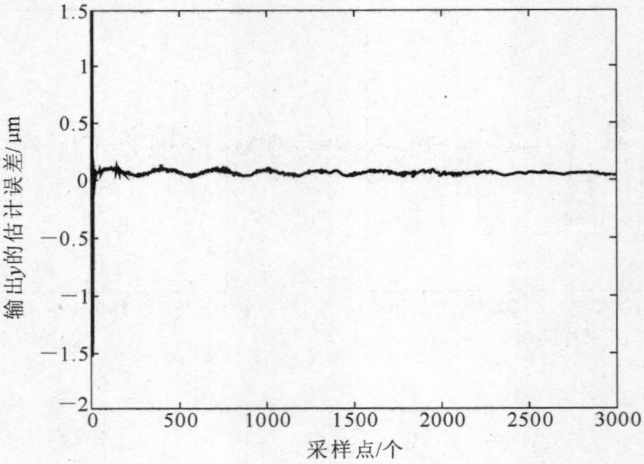

图 5.34　鲁棒状态估计观测器的输出估计误差

5.4　结　　论

针对控制工程实际中广泛存在的三明治系统，在考虑模型误差和干扰的情况下，采用动态鲁棒状态估计观测器对其状态进行估计。针对三明治系统的特点，构建了一种动态鲁棒状态估计观测器，通过最小化广义干扰到状态估计误差传递函数的 J 指标来设计动态鲁棒状态估计观测器的增益矩阵，从而使得观测器的状态估计误差对外干扰、噪声和模型误差不敏感，有效减小干扰对状态估计准确性的影响，实现三明治系统鲁棒状态估计。

仿真和实验结果都说明相对于非鲁棒状态估计观测器，鲁棒状态估计观测器能够准确地跟踪系统的各个状态值，估计误差显著减小。

第6章　非光滑三明治系统的故障预报技术

6.1 引　　言

三明治系统在系统实际工作过程中，会受到外干扰和噪声影响，同时建模时的模型误差也难以避免，所以，建立鲁棒故障预报观测器对存在干扰、噪声和模型误差的非光滑三明治系统进行故障预报具有重要意义。

在1.2节的相关故障诊断研究现状分析中指出：过去的方法都是针对线性系统或是光滑非线性系统进行鲁棒状态估计或是鲁棒故障预报的。由于非光滑三明治系统不仅含有非光滑特性，而且非线性环节的前、后端都连接有动态子系统，非线性环节的输入和输出均为不可测量的中间变量。因此，此类系统具有更为复杂的结构。所以，至今还没有发现针对非光滑三明治系统的鲁棒故障预报的相关研究。因此，构造动态鲁棒故障预报观测器对非光滑三明治系统进行故障预报是很有意义的研究工作。

6.2 鲁棒故障预报观测器设计

根据第2章中无故障无干扰的三明治系统模型，考虑故障和模型误差并受外干扰和噪声影响的非光滑三明治系统为

$$\begin{cases}\boldsymbol{x}(k+1)=\boldsymbol{A}(k)\boldsymbol{x}(k)+\boldsymbol{B}u(k)+\boldsymbol{\eta}(k)+\boldsymbol{B}_d\boldsymbol{d}(k)+\boldsymbol{B}_f\boldsymbol{f}(k)\\ \boldsymbol{y}(k)=\boldsymbol{C}x(k)+\boldsymbol{D}_d\boldsymbol{d}(k)+\boldsymbol{D}_f\boldsymbol{f}(k)\end{cases}\tag{6-1}$$

$\boldsymbol{x}(k)\in\mathbf{R}^{n\times 1}$、$u(k)\in\mathbf{R}^{1\times 1}$、$\boldsymbol{y}(k)\in\mathbf{R}^{1\times 1}$、$A_i\in\mathbf{R}^{n\times n}$、$\boldsymbol{\eta}(k)\in\mathbf{R}^{n\times 1}$、$\boldsymbol{B}\in\mathbf{R}^{n\times 1}$、$\boldsymbol{C}\in\mathbf{R}^{1\times n}$、$\boldsymbol{d}(k)\in\mathbf{R}^{r\times 1}$为干扰向量（包括模型误差，外部的扰动和噪声），$\boldsymbol{B}_d\in\mathbf{R}^{n\times r}$

为干扰输入矩阵(它决定各个干扰分量如何影响系统的各个正常状态变量)，$\boldsymbol{D}_d \in \mathbf{R}^{1\times r}$为干扰输出矩阵(它决定各个干扰分量如何影响系统的正常输出状态变量)，$\boldsymbol{f}(k) \in \mathbf{R}^{f\times 1}$为故障向量(包括执行器故障和传感器故障)，$\boldsymbol{B}_f \in \mathbf{R}^{n\times f}$为故障输入矩阵，$\boldsymbol{D}_f \in \mathbf{R}^{1\times f}$为故障输出矩阵。

其中

$$\boldsymbol{B}_d = [\boldsymbol{I}_{n\times n} \quad \boldsymbol{E}_1 \quad \boldsymbol{E}_2 \quad \cdots \quad \boldsymbol{E}_q] \in \mathbf{R}^{n\times r}$$

$$\boldsymbol{d}(k) = [\underbrace{\Delta \boldsymbol{A}_i x + \Delta \boldsymbol{B} u}_{\text{模型误差}} \quad \underbrace{d_1 \quad d_2 \quad \cdots \quad d_q}_{\text{外部干扰}}]^{\mathrm{T}} \in \mathbf{R}^{r\times 1}, \boldsymbol{D}_d \in \mathbf{R}^{1\times r}$$

$$\boldsymbol{f}(k) = [f_{actuator} \quad f_{sensor}]^{\mathrm{T}} \in \mathbf{R}^{2\times 1}, \boldsymbol{B}_f = [\boldsymbol{B} \quad \boldsymbol{0}] \in \mathbf{R}^{n\times 2}, \quad \boldsymbol{D}_f = [0 \quad 1] \in \mathbf{R}^{1\times 2}$$

构造如图 6.1 所示鲁棒故障预报观测器，以不考虑非光滑非线性环节存在时的线性系统为基准区间，此时，非光滑非线性环节在基准区间中被等效为一个比例环节。等效后的线性环节比例系数与 5.2 节中的一致。因此，其数学表达式为

$$\begin{cases} \begin{cases} \boldsymbol{z}_1(k+1) = \boldsymbol{K}_1 \boldsymbol{z}_1(k) + \boldsymbol{K}_2 r(k) \\ \boldsymbol{v}(k+1) = \boldsymbol{K}_3 \boldsymbol{z}_1(k+1) + \boldsymbol{K}_4 \boldsymbol{r}(k+1) \end{cases} \\ \begin{cases} \hat{\boldsymbol{x}}(k+1) = \boldsymbol{A}_l \hat{\boldsymbol{x}}(k) + \boldsymbol{B} u(k) + \boldsymbol{v}(k) \\ \hat{\boldsymbol{y}}(k+1) = \boldsymbol{C} \hat{\boldsymbol{x}}(k+1) \end{cases} \end{cases} \tag{6-2}$$

其中，$\boldsymbol{A}_l = \begin{bmatrix} \boldsymbol{A}_{11} & \boldsymbol{0} \\ \boldsymbol{A}_{211} & \boldsymbol{A}_{22} \end{bmatrix}$，$\boldsymbol{A}_{11}$为 L_1 的系数矩阵，$\boldsymbol{A}_{22}$为 L_2 的系数矩阵，$\boldsymbol{A}_{211}$为系统工作在基准区间时的子块矩阵。残差为 $\boldsymbol{r}(k) = \boldsymbol{y}(k) - \hat{\boldsymbol{y}}(k)$，$\boldsymbol{z}_1(k) \in \mathbf{R}^{m\times 1}$为动态反馈状态变量，可以根据需要设定其维数，$\boldsymbol{v}(k) \in \mathbf{R}^{n\times 1}$为动态反馈环节的输出。

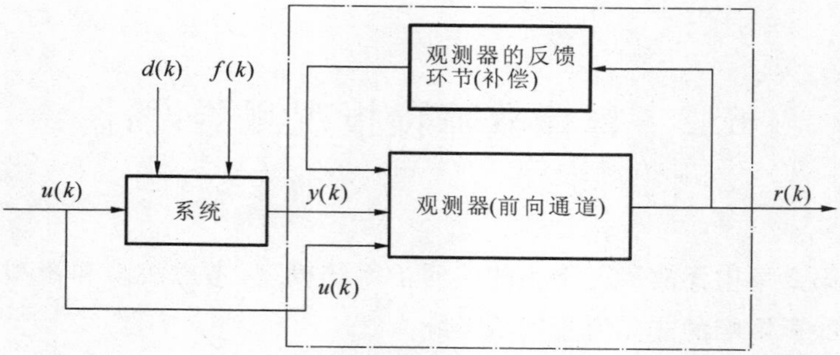

图 6.1　鲁棒故障预报观测器

令 $\boldsymbol{e}(k) = \boldsymbol{x}(k) - \hat{\boldsymbol{x}}(k)$，结合系统式(6-1)和观测器式(6-2)可得动态观测器的扩展向量表达式(6-3)和动态观测器的扩展动态误差表达式(6-4)

$$\begin{cases}\begin{bmatrix}\hat{\boldsymbol{x}}(k+1)\\ \boldsymbol{z}_1(k+1)\end{bmatrix}=\begin{bmatrix}\boldsymbol{A}_l-\boldsymbol{K}_4\boldsymbol{C} & \boldsymbol{K}_3\\ -\boldsymbol{K}_2\boldsymbol{C} & \boldsymbol{K}_1\end{bmatrix}\begin{bmatrix}\hat{\boldsymbol{x}}(k)\\ \boldsymbol{z}_1(k)\end{bmatrix}+\begin{bmatrix}\boldsymbol{B}\\ \boldsymbol{0}\end{bmatrix}u(k)+\begin{bmatrix}\boldsymbol{K}_4\\ \boldsymbol{K}_2\end{bmatrix}\boldsymbol{y}(k)\\ \hat{\boldsymbol{y}}(k+1)=\boldsymbol{C}\hat{\boldsymbol{x}}(k+1)\end{cases}\tag{6-3}$$

若令 $\boldsymbol{\xi}(k+1)=\begin{bmatrix}\boldsymbol{e}(k+1)\\ \boldsymbol{z}_1(k+1)\end{bmatrix}$，则有

$$\begin{cases}\boldsymbol{\xi}(k+1)=\begin{bmatrix}\boldsymbol{A}_l & -\boldsymbol{K}_4\boldsymbol{C}-\boldsymbol{K}_3\\ \boldsymbol{K}_2\boldsymbol{C} & \boldsymbol{K}_1\end{bmatrix}\boldsymbol{\xi}(k)+\begin{bmatrix}\boldsymbol{B}_{d^*}^{*}-\boldsymbol{K}_4\boldsymbol{D}_{d^*}\\ \boldsymbol{K}_2\boldsymbol{D}_{d^*}\end{bmatrix}\boldsymbol{d}^*(k)+\begin{bmatrix}\boldsymbol{B}_f-\boldsymbol{K}_4\boldsymbol{D}_f\\ \boldsymbol{K}_2\boldsymbol{D}_f\end{bmatrix}\boldsymbol{f}(k)\\ \boldsymbol{e}(k)=[\boldsymbol{I}_{n\times n}\quad \boldsymbol{0}_{n\times m}]\boldsymbol{\xi}(k)\end{cases}\tag{6-4}$$

$\boldsymbol{A}_l$ 表示系统工作在基准区间时的等效矩阵。与 5.2 节中的分析完全一样，观测器工作区间与系统实际工作区间不一致造成的估计误差可以统一地写到干扰项中，得到广义干扰 $\boldsymbol{d}^*(k)$、广义干扰输入矩阵 $\boldsymbol{B}_{d^*}^{*}$ 以及广义干扰输出矩阵 $\boldsymbol{D}_{d^*}$。

将式(6-4)写成紧缩形式，为

$$\begin{cases}\tilde{\boldsymbol{x}}(k+1)=\tilde{\boldsymbol{A}}\tilde{\boldsymbol{x}}(k)+\tilde{\boldsymbol{B}}_{d^*}^{*}\boldsymbol{d}^*(k)+\tilde{\boldsymbol{B}}_f\boldsymbol{f}(k)\\ \boldsymbol{r}(k)=\tilde{\boldsymbol{C}}\tilde{\boldsymbol{x}}(k)+\tilde{\boldsymbol{D}}_{d^*}\boldsymbol{d}^*(k)+\tilde{\boldsymbol{D}}_f\boldsymbol{f}(k)\end{cases}\tag{6-5}$$

其中，

$$\tilde{\boldsymbol{x}}(k)=\begin{bmatrix}\boldsymbol{e}(k)\\ \boldsymbol{z}_1(k)\end{bmatrix},\quad \tilde{\boldsymbol{A}}=\begin{bmatrix}\boldsymbol{A}_1-\boldsymbol{K}_4\boldsymbol{C} & -\boldsymbol{K}_3\\ \boldsymbol{K}_2\boldsymbol{C} & \boldsymbol{K}_1\end{bmatrix}$$

$$\tilde{\boldsymbol{B}}_{d^*}^{*}=\begin{bmatrix}\boldsymbol{B}_{d^*}^{*}-\boldsymbol{K}_4\boldsymbol{D}_{d^*}\\ \boldsymbol{K}_2\boldsymbol{D}_{d^*}\end{bmatrix},\quad \tilde{\boldsymbol{B}}_f=\begin{bmatrix}\boldsymbol{B}_f-\boldsymbol{K}_4\boldsymbol{D}_f\\ \boldsymbol{K}_2\boldsymbol{D}_f\end{bmatrix}$$

$$\tilde{\boldsymbol{C}}=[\boldsymbol{C}\quad \boldsymbol{0}],\quad \tilde{\boldsymbol{D}}_{d^*}=\boldsymbol{D}_{d^*},\quad \tilde{\boldsymbol{D}}_f=\boldsymbol{D}_f$$

结合式(6-5)，并对其进行 Z 变换得 $\boldsymbol{d}^*(k)$ 和 $\boldsymbol{f}(k)$ 到 $\boldsymbol{r}(k)$ 的传递函数矩阵为

$$\boldsymbol{r}(z)=\tilde{\boldsymbol{G}}_{d^*r}(\tilde{\boldsymbol{A}},\boldsymbol{K}_d)\boldsymbol{d}^*(z)+\tilde{\boldsymbol{G}}_{fr}(\tilde{\boldsymbol{A}},\boldsymbol{K}_d)\boldsymbol{f}(z)\tag{6-6}$$

由式(6-6)可见，残差不仅与故障有关，还与广义干扰有关，设计鲁棒故障预报观测器的目的就是通过选择合适的动态观测器增益反馈矩阵组 $\boldsymbol{K}_d=[\boldsymbol{K}_1\quad \boldsymbol{K}_2\quad \boldsymbol{K}_3\quad \boldsymbol{K}_4]$，使得残差对广义干扰不敏感而对故障敏感。

$\boldsymbol{d}^*(k)$ 到 $\boldsymbol{r}(k)$ 的传递函数矩阵 $\boldsymbol{G}_{d^*r}(\tilde{\boldsymbol{A}},\boldsymbol{K}_d)$ 可表示为

$$\tilde{\boldsymbol{G}}_{d^*r}(\tilde{\boldsymbol{A}},\boldsymbol{K}_d)=\frac{\boldsymbol{r}(z)}{\boldsymbol{d}^*(z)}=\tilde{\boldsymbol{C}}(\boldsymbol{I}z-\tilde{\boldsymbol{A}})^{-1}\tilde{\boldsymbol{B}}_{d^*}+\tilde{\boldsymbol{D}}_{d^*}\tag{6-7}$$

$\boldsymbol{f}(k)$ 到 $\boldsymbol{r}(k)$ 的传递函数矩阵 $\boldsymbol{G}_{fr}(\tilde{\boldsymbol{A}},\boldsymbol{K}_d)$ 可表示为

$$\tilde{\boldsymbol{G}}_{fr}(\tilde{\boldsymbol{A}},\boldsymbol{K})=\frac{\boldsymbol{r}(z)}{\boldsymbol{f}(z)}=\tilde{\boldsymbol{C}}(\boldsymbol{I}z-\tilde{\boldsymbol{A}})^{-1}\tilde{\boldsymbol{B}}_f+\tilde{\boldsymbol{D}}_f\tag{6-8}$$

设计非光滑鲁棒故障预报观测器需要满足的条件如下。

(1) 观测器是稳定的,要求其动态误差转移特征矩阵的特征值都在单位圆内,即 $\widetilde{\boldsymbol{A}}=\begin{bmatrix}\boldsymbol{A}_1-\boldsymbol{K}_4\boldsymbol{C} & -\boldsymbol{K}_3\\ \boldsymbol{K}_2\boldsymbol{C} & \boldsymbol{K}_1\end{bmatrix}$的特征值在单位圆内。

(2) 根据故障预报观测器的鲁棒性要求,定义如下指标并对其进行优化

$$\begin{cases}H_{\infty,F}=\min(\max\limits_{z=e^{j\theta}}\|\widetilde{\boldsymbol{G}}_{d^*rj}(\widetilde{\boldsymbol{A}},\boldsymbol{K}_d,z)\|_F,\theta\in[0,2\pi))\\ H_{-,F}=\max(\min\limits_{z=e^{j\theta}}\|\widetilde{\boldsymbol{G}}_{fr}(\widetilde{\boldsymbol{A}},\boldsymbol{K}_d,z)\|_F,\theta\in[0,2\pi))\\ \min(\dfrac{H_{\infty,F}}{H_{-,F}})\end{cases}\tag{6-9}$$

其中,$\|\cdot\|_F$ 表示矩阵的 Fresenius 范数,由于矩阵的 Frobenius 范数与向量的 2 范数相容,所以采用 Frobenius 范数与采用矩阵 2 范数具有相同的效果,但是 Frobenius 范数的计算要比矩阵 2 范数简单很多,便于优化计算。对鲁棒性要求可以理解为:在所有频率内,要求扩展广义干扰到残差传递函数矩阵的 Frobenius 范数最小,而故障到残差传递函数矩阵的 Frobenius 范数最大,以便最大限度地抑制干扰对估计误差的影响而增大故障对残差的影响。

为了更好地抑制主要干扰对残差的影响,采用零点配置方法对动态观测器部分增益进行设计,为此,首先引入关于系统零点的定义。

根据文献[72]可知,对系统的零点有如下定义,如果系统为

$$\begin{aligned}\boldsymbol{x}(k+1)&=\boldsymbol{A}\boldsymbol{x}(k)+\boldsymbol{B}u(k)\\ \boldsymbol{y}(k)&=\boldsymbol{C}\boldsymbol{x}(k)+\boldsymbol{D}u(k)\end{aligned}\tag{6-10}$$

其中,$\boldsymbol{x}\in\mathbf{R}^{n\times1}$,$u\in\mathbf{R}^{r\times1}$,$\boldsymbol{y}\in\mathbf{R}^{l\times1}$,$\boldsymbol{A}$、$\boldsymbol{B}$、$\boldsymbol{C}$、$\boldsymbol{D}$ 是具有相应的维数的常数矩阵,设$\text{rank}(\boldsymbol{B})=r$,$\text{rank}(\boldsymbol{C})=l$。

那么系统(6-10)的输入 $u(k)$到输出 $\boldsymbol{y}(k)$传递函数矩阵的有限不变零点集合 $\boldsymbol{Z}_z$ 定义为满足如下条件的复数集合

$$\text{rank}[\boldsymbol{P}(z)]=\text{rank}\begin{bmatrix}z\boldsymbol{I}-\boldsymbol{A} & -\boldsymbol{B}\\ \boldsymbol{C} & \boldsymbol{D}\end{bmatrix}<\min(r,l)+n\tag{6-11}$$

如果 $r=l$,那么有限不变零点定义为特征多项式的零点

$$\boldsymbol{Z}=\det(\boldsymbol{P}(z))\tag{6-12}$$

对于如式(6-5)所示的观测器,根据以上零点定义,其干扰 $\boldsymbol{d}^*(k)$到残差 $\boldsymbol{r}(k)$的零点为满足如下条件的 z 复数集合

$$\text{rank}\widetilde{\boldsymbol{P}}_{d^*}(z)<\min(1,r+2)+n+m\tag{6-13}$$

其中,$\widetilde{\boldsymbol{P}}_{d^*}(z)=\begin{bmatrix}z\boldsymbol{I}-\widetilde{\boldsymbol{A}} & -\widetilde{\boldsymbol{B}}_{d^*}\\ \widetilde{\boldsymbol{C}} & \boldsymbol{D}_{d^*}\end{bmatrix}=\begin{bmatrix}z\boldsymbol{I}-\boldsymbol{A}_1+\boldsymbol{K}_4\boldsymbol{C} & \boldsymbol{K}_3 & -\boldsymbol{B}_{d^*}^*+\boldsymbol{K}_4\boldsymbol{D}_{d^*}\\ -\boldsymbol{K}_2\boldsymbol{C} & z\boldsymbol{I}-\boldsymbol{K}_1 & -\boldsymbol{K}_2\boldsymbol{D}_{d^*}\\ \boldsymbol{C} & \boldsymbol{0} & \boldsymbol{D}_{d^*}\end{bmatrix}$

计算式(6-14)的秩为

$$
\begin{aligned}
\operatorname{rank}[\widetilde{\boldsymbol{P}}_{d^*}(z)] &= \operatorname{rank}\begin{bmatrix} z\boldsymbol{I}-\widetilde{\boldsymbol{A}} & -\widetilde{\boldsymbol{B}}_{d^*} \\ \widetilde{\boldsymbol{C}} & \boldsymbol{0} \end{bmatrix} \\
&= \operatorname{rank}\begin{bmatrix} z\boldsymbol{I}-\boldsymbol{A}_1+\boldsymbol{K}_4\boldsymbol{C} & -\boldsymbol{K}_3 & -\boldsymbol{B}_{d^*}^*+\boldsymbol{K}_4\boldsymbol{D}_{d^*} \\ -\boldsymbol{K}_2\boldsymbol{C} & z\boldsymbol{I}-\boldsymbol{K}_1 & -\boldsymbol{K}_2\boldsymbol{D}_{d^*} \\ \boldsymbol{C} & \boldsymbol{0} & \boldsymbol{D}_{d^*} \end{bmatrix} \\
&= \operatorname{rank}\begin{bmatrix} z\boldsymbol{I}-\boldsymbol{A}_1+\boldsymbol{K}_4\boldsymbol{C} & -\boldsymbol{K}_3 & -\boldsymbol{B}_{d^*}^*+\boldsymbol{K}_4\boldsymbol{D}_{d^*} \\ \boldsymbol{0} & z\boldsymbol{I}-\boldsymbol{K}_1 & \boldsymbol{0} \\ \boldsymbol{C} & \boldsymbol{0} & \boldsymbol{0} \end{bmatrix} \\
&= \operatorname{rank}\begin{bmatrix} z\boldsymbol{I}-\boldsymbol{A}_1+\boldsymbol{K}_4\boldsymbol{C} & -\boldsymbol{K}_3 & -\boldsymbol{B}_{d^*}^*+\boldsymbol{K}_4\boldsymbol{D}_{d^*} \\ \boldsymbol{C} & \boldsymbol{0} & \boldsymbol{0} \\ \boldsymbol{0} & z\boldsymbol{I}-\boldsymbol{K}_1 & \boldsymbol{0} \end{bmatrix} \\
&= \operatorname{rank}\begin{bmatrix} z\boldsymbol{I}-\boldsymbol{A}_1+\boldsymbol{K}_4\boldsymbol{C} & -\boldsymbol{B}_{d^*}^*+\boldsymbol{K}_4\boldsymbol{D}_{d^*} & -\boldsymbol{K}_3 \\ \boldsymbol{C} & \boldsymbol{0} & \boldsymbol{0} \\ \boldsymbol{0} & \boldsymbol{0} & z\boldsymbol{I}-\boldsymbol{K}_1 \end{bmatrix} \qquad (6\text{-}14)
\end{aligned}
$$

由式(6-14)可知，满足 $|z\boldsymbol{I}-\boldsymbol{K}_1|=0$ 成立的 $\boldsymbol{Z}$ 集合就是干扰 $\boldsymbol{d}^*(k)$ 到残差 $\boldsymbol{r}(k)$ 的零点集合。因此，可以通过设计合适的 $\boldsymbol{K}_1$ 来设定动态观测器的部分零点。从而为观测器增加了抵御干扰的手段。

文献[70,71]中对零点作用进行了说明：设传递函数的零点恰好与输入量模态的极点重合，输入量的运动成分被传递函数的零点阻断而不能“传递”到输出端。通过给定反馈通路传递函数的极点可以自由设计闭环回路的零点，使得这些零点正好与干扰输入的极点重合，那么就能最大限度抑制干扰对残差的影响。

若干扰的主要频率为 $\omega_i(i=1,2,\cdots,h)$（相关主要频率点的频率可通过对残差的分析获得，方法见 5.2 节的说明），h 为干扰主要频率数，T 为采样周期，此时干扰的极点为 $z_i=e^{\pm(\omega_i T)j}$，所以增加的零点应该正好设置为 $z_i=\mathrm{e}^{\pm(\omega_i T)j}$。

由此求得增益矩阵为

$$
\boldsymbol{K}_1=\begin{bmatrix} \boldsymbol{k}'_1 & \boldsymbol{0} & \cdots & \boldsymbol{0} \\ \boldsymbol{0} & \boldsymbol{k}'_2 & \cdots & \boldsymbol{0} & \vdots \\ \boldsymbol{0} & \boldsymbol{0} & \cdots & \boldsymbol{k}'_h \end{bmatrix}=\operatorname{diag}(\boldsymbol{k}'_i)
$$

$$
\boldsymbol{k}'_i=\begin{bmatrix} \cos(\omega_i T) & -\sin(\omega_i T) \\ \sin(\omega_i T) & \cos(\omega_i T) \end{bmatrix},\quad (i=1,2,\cdots,h)
$$

由此，动态观测器的第一个增益矩阵就确定了，主要用于抑制主要干扰。类似方法在文献[37]中也有应用，但文献[37]主要是针对连续光滑非线性系统进行故障预报，另外，这里有一个假设，认为故障的频率和干扰频率不重叠。因为本章的故障预报主要是针对特定的突变故障和缓变故障（具体故障函数见仿真例子）来说，当故障稳定后其频率约为零（见文献[38—39]）。

鲁棒故障预报观测器不但要抑制主要干扰，即残差对干扰不敏感，另一个重要任务是残差对故障敏感，那么其他几个增益矩阵主要用来实现这个功能。根据式(6-9)和对观测器稳定性的要求，可以得到如式(6-15)所示的约束优化问题，通过解该优化问题可以得到满足观测器收敛性的其他三个增益矩阵的值。

$$\begin{cases} \min & \left(\dfrac{H_{\infty,F}}{H_{-,F}}\right) \\ \text{s.t.} & |\lambda(\widetilde{A})| < 1 \end{cases} \tag{6-15}$$

其中，$\boldsymbol{K}_j$ 是设计变量，$\left(\dfrac{H_{\infty,F}}{H_{-,F}}\right)$是目标函数，$\lambda(\cdot)$表示相应矩阵的特征值。

6.3 仿真说明

本节从简单到复杂分别对死区、间隙和迟滞三明治系统进行基于鲁棒器的故障预报的仿真研究。

6.3.1 死区三明治系统故障预报

$$\begin{cases} \begin{cases} \boldsymbol{x}(k+1) = \boldsymbol{A}_1\boldsymbol{x}(k) + \boldsymbol{B}u(k) + \boldsymbol{\eta}_1(k) + \boldsymbol{B}_d\boldsymbol{d}(k) + \boldsymbol{B}_f\boldsymbol{f}_i(k), & x_{12}(k) > 0.01 \\ \boldsymbol{x}(k+1) = \boldsymbol{A}_2\boldsymbol{x}(k) + \boldsymbol{B}u(k) + \boldsymbol{\eta}_2(k) + \boldsymbol{B}_d\boldsymbol{d}(k) + \boldsymbol{B}_f\boldsymbol{f}_i(k), & -0.01 \leqslant x_{12}(k) \leqslant 0.01 \\ \boldsymbol{x}(k+1) = \boldsymbol{A}_3\boldsymbol{x}(k) + \boldsymbol{B}u(k) + \boldsymbol{\eta}_3(k) + \boldsymbol{B}_d\boldsymbol{d}(k) + \boldsymbol{B}_f\boldsymbol{f}_i(k), & x_{12}(k) < -0.01 \end{cases} \\ \boldsymbol{y}(k) = \boldsymbol{C}\boldsymbol{x}(k) + \boldsymbol{D}_d\boldsymbol{\delta}(k) + \boldsymbol{D}_f\boldsymbol{f}_i(k) \end{cases} \tag{6-16}$$

其中，

$$\boldsymbol{A}_1 = \boldsymbol{A}_3 = \begin{bmatrix} 0.82 & 0 & 0 & 0 \\ 0.1 & 0.45 & 0 & 0 \\ 0 & 0.25 & 0.85 & 0 \\ 0 & 0 & 0.2 & 0.9 \end{bmatrix}$$

$$\boldsymbol{A}_2 = \begin{bmatrix} 0.82 & 0 & 0 & 0 \\ 0.1 & 0.45 & 0 & 0 \\ 0 & 0 & 0.85 & 0 \\ 0 & 0 & 0.2 & 0.9 \end{bmatrix}$$

$$\boldsymbol{B}=\begin{bmatrix}0.4\\0\\0\\0\end{bmatrix},\quad \boldsymbol{\eta}_1=\begin{bmatrix}0\\0\\-0.0025\\0\end{bmatrix},\quad \boldsymbol{\eta}_2=\begin{bmatrix}0\\0\\0\\0\end{bmatrix}$$

$$\boldsymbol{\eta}_3=\begin{bmatrix}0\\0\\0.0025\\0\end{bmatrix},\quad \boldsymbol{C}=[0\quad 0\quad 0\quad 1]$$

$u(k)=6\sin(6Tk)$,采样周期 $T=0.01$ s,仿真时长为 20 s。

其中,$\boldsymbol{x}(k)=[x_{11}\quad x_{12}\quad x_{21}\quad x_{22}]^{\mathrm{T}}$,为了不失一般性,假设外干扰为如下信号

$$\begin{aligned}\boldsymbol{d}(k)&=[d_1(k)\quad d_2(k)\quad d_3(k)]^{\mathrm{T}}\\&=[0.4\sin(20Tk)\quad 0.4\sin(20Tk)\quad \mathrm{random}(-0.01,0.01)]^{\mathrm{T}}\end{aligned}$$

其中,$d_1(k)$为输入 $u(k)$处的正弦干扰,$d_2(k)$为第二个线性环节前的输入干扰(负载输入干扰),$d_3(k)$为输出的噪声,假设为取值在-0.01和$+0.01$之间满足均匀分布的离散随机序列。

第一类故障(突变):

$$\boldsymbol{f}_1(k)=[f_{11}(k)\quad f_{12}(k)]^{\mathrm{T}}=\begin{cases}[0\quad 0]^{\mathrm{T}}, & \text{其他}\\ [0.5\quad 0]^{\mathrm{T}}, & 400\leqslant k\leqslant 600\\ [0\quad -0.4]^{\mathrm{T}}, & 1200\leqslant k\leqslant 1400\end{cases}$$

第二类故障(缓变):

$$\boldsymbol{f}_2(k)=[f_{21}(k)\quad f_{22}(k)]^{\mathrm{T}}=\begin{cases}[0\quad 0]^{\mathrm{T}}, & \text{其他}\\ [0.003(k-200)\quad 0], & 200\leqslant k\leqslant 400\\ [-0.3\quad 0], & 400\leqslant k\leqslant 600\\ [-0.002(k-1000)\quad 0], & 1000\leqslant k\leqslant 1200\\ [0\quad -0.04], & 1200\leqslant k\leqslant 1400\\ [0\quad 0.002(k-1400)], & 1400\leqslant k\leqslant 1600\end{cases}$$

图 6.2 给出了存在干扰和模型不确定性以及故障的情况下的结构,对图 6.2 的分析,可以得到外干扰分布矩阵,为

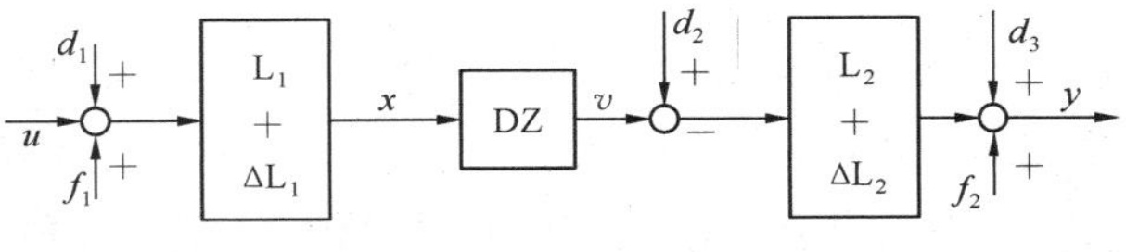

图 6.2　受干扰和故障影响的死区三明治系统结构

$$\boldsymbol{B}_d=[\boldsymbol{E}_1\quad \boldsymbol{E}_2]=\begin{bmatrix}0&0&0.4\\0&0&0\\0.25&0&0\\0&0&0\end{bmatrix},\quad \boldsymbol{B}_f=\begin{bmatrix}0.4&0\\0&0\\0&0\\0&0\end{bmatrix}$$

$$\boldsymbol{D}_d=[0\quad 0\quad 1],\quad \boldsymbol{D}_f=[0\quad 1]$$

假设模型不确定性矩阵为

$$\Delta\boldsymbol{A}=\begin{bmatrix}\Delta\partial_1\\\Delta\partial_2\\\Delta\partial_2\\\Delta\partial_2\end{bmatrix}=\begin{bmatrix}-0.05&0&0&0\\0&0&0&0\\0&0&-0.05&0\\0&0&0&0.07\end{bmatrix}$$

$$\Delta\boldsymbol{B}=\begin{bmatrix}\Delta b_1\\\Delta b_2\\\Delta b_3\\\Delta b_4\end{bmatrix}=\boldsymbol{0}$$

扩展广义干扰矩阵和向量为

$$\boldsymbol{B}_d^*=\begin{bmatrix}1&0&0&0&0&0.4&0&0\\0&1&0&0&0&0&0&0\\0&0&1&0&0.25&0.25&0&0\\0&0&0&1&0&0&0&0\end{bmatrix}$$

$$\boldsymbol{d}^*=\begin{bmatrix}\Delta\partial_1\boldsymbol{x}+\Delta b_1u\\\Delta\partial_2\boldsymbol{x}+\Delta b_2u\\\Delta\partial_3\boldsymbol{x}+\Delta b_3u\\\Delta\partial_4\boldsymbol{x}+\Delta b_4u\\\delta(k)\\d_1\\d_2\\d_3\end{bmatrix},\quad \boldsymbol{D}_d^*=[0\quad 0\quad 0\quad 0\quad 0\quad 0\quad 0\quad 1]$$

若不考虑鲁棒性，依旧按照原来不考虑模型误差和干扰的情况，取3.2.3节中所给的死区非光滑非鲁棒观测器增益 $K=[0\quad 0\quad 0.1\quad 0.1]^{\mathrm{T}}$，观测器满足收敛条件。

图6.3给出了非鲁棒观测器第一类故障和第二类故障的残差频谱图，由图6.3可知，残差主要能量集中在频率为 $\omega_1=20$ rad/s，$\omega_2=6$ rad/s 附近的位置。因为无论是第一类故障还是第二类故障，其频率都可以认为是在低频区，而干扰频率主要集中在高频区，所以，干扰频率和故障频率不重叠（见文献[37—40]）。因此，在设计鲁棒故障预报观测器时，主要抑制这两个频率的残差干扰，

由此可以设计

$$K_1 = \begin{bmatrix} \cos(20T) & -\sin(20T) & 0 & 0 \\ \sin(20T) & \cos(20T) & 0 & 0 \\ 0 & 0 & \cos(6T) & -\sin(6T) \\ 0 & 0 & \sin(6T) & \cos(6T) \end{bmatrix}$$

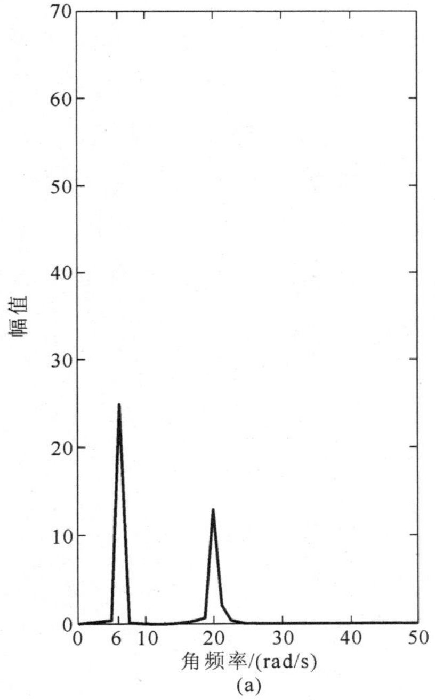

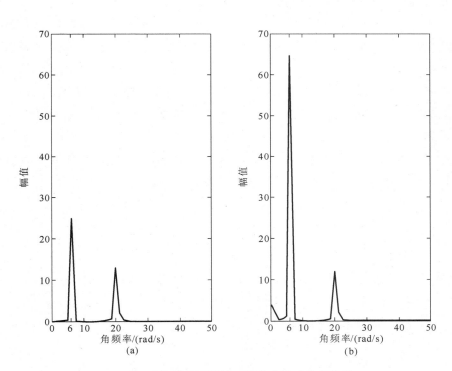

图 6.3　非鲁棒观测器的两类故障的残差频谱图

(a) 第一类故障残差频谱　(b) 第二类故障残差频谱

再根据式(6-15)采用优化算法解得其他增益矩阵的值，具体取值如下

$$K_1 = \begin{bmatrix} 0.9801 & -0.1987 & 0 & 0 \\ 0.1987 & 0.9801 & 0 & 0 \\ 0 & 0 & 0.9982 & -0.0600 \\ 0 & 0 & 0.0600 & 0.9982 \end{bmatrix}$$

$$K_2 = [0.5330 \quad 0.2946 \quad 0.0306 \quad 0.1272]^{\mathrm{T}}$$

$$K_3 = \begin{bmatrix} 0.0804 & 0.7888 & 0.3808 & 0.6772 \\ 0.7335 & 0.5405 & 0.2723 & -0.2127 \\ 0.1766 & -0.1696 & 0.2486 & 0.0831 \\ 0.2597 & 0.1348 & 0.2764 & -0.1084 \end{bmatrix}$$

$$\boldsymbol{K}_4 = [0.4551 \quad 0.3975 \quad 0.8342 \quad 0.7044]^{\mathrm{T}}$$

为了进一步说明动态鲁棒故障预报观测器的优点，将分别给出第一类故障和第二类故障发生时（见图 6.4 和图 6.5）两类观测器产生的残差。由图 6.4 和图 6.5 可知：对于非鲁棒观测器，当第一类故障和第二类故障发生时，由于干扰的影响很大，无论是执行器故障还是传感器故障，它们产生的残差都完全被干扰残差淹没，无法准确地进行故障预报。而对于鲁棒故障预报观测器来说，在第一类突变故障发生时，当执行器在 400～600 的采样点发生故障时，残差显著偏离零线，当故障消除后，残差较快地恢复到零线附近。而对于 1200～1400 的采样点处发生的传感器故障，同样能进行准确预报。对于鲁棒故障预报观测器，当第二类缓变故障发生的时候，即在 200～800 的采样点，当执行器发生故障时，残差显著偏离零线，当故障消除后，残差较快地恢复到零线附近。而对于 1000～1600 的采样点处的传感器故障，同样能进行准确预报。因此，鲁棒故障预报观测器能够准确及时地对死区三明治系统进行故障预报。

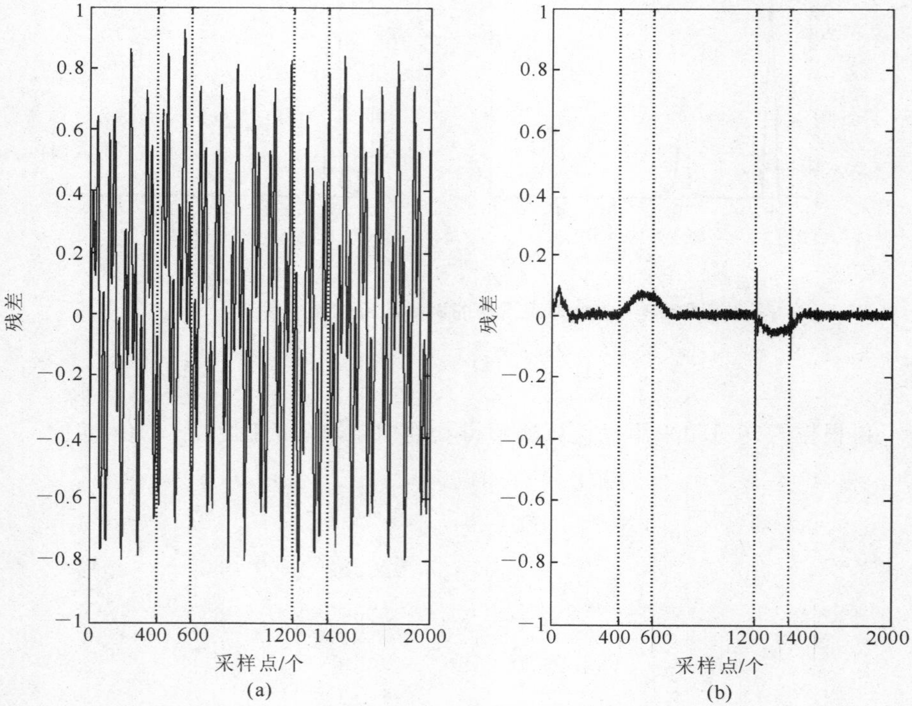

图 6.4　第一类故障的残差比较

(a) 非鲁棒观测器　(b) 鲁棒观测器

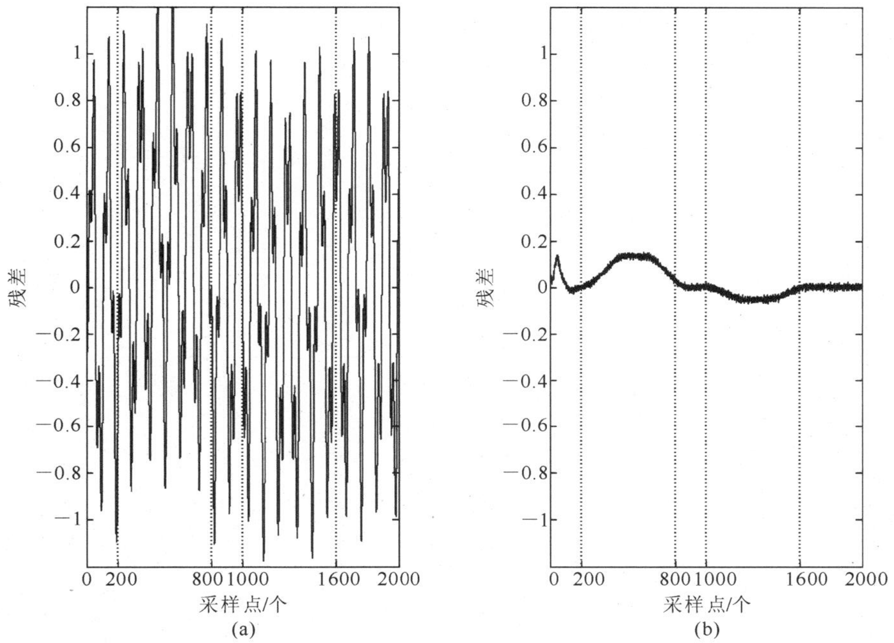

图 6.5　第二类故障的残差比较

(a) 非鲁棒观测器　(b) 鲁棒观测器

6.3.2　间隙三明治系统故障预报

$$\begin{cases}\begin{cases}\boldsymbol{x}(k+1)=\boldsymbol{A}_1\boldsymbol{x}(k)+\boldsymbol{B}\boldsymbol{u}(k)+\boldsymbol{\eta}_1(k)+\boldsymbol{B}_d\boldsymbol{d}(k)+\boldsymbol{B}_f\boldsymbol{f}_i(k), & x_{12}(k)>v(k-1)+0.04,\Delta x_{12}(k)>0\\ \boldsymbol{x}(k+1)=\boldsymbol{A}_2\boldsymbol{x}(k)+\boldsymbol{B}\boldsymbol{u}(k)+\boldsymbol{\eta}_2(k)+\boldsymbol{B}_d\boldsymbol{d}(k)+\boldsymbol{B}_f\boldsymbol{f}_i(k), & \text{其他}\\ \boldsymbol{x}(k+1)=\boldsymbol{A}_3\boldsymbol{x}(k)+\boldsymbol{B}\boldsymbol{u}(k)+\boldsymbol{\eta}_3(k)+\boldsymbol{B}_d\boldsymbol{d}(k)+\boldsymbol{B}_f\boldsymbol{f}_i(k), & x_{12}(k)<v(k-1)-0.04,\Delta x_{12}(k)<0\end{cases}\\ \boldsymbol{y}(k)=\boldsymbol{C}\boldsymbol{x}(k)+\boldsymbol{D}_d\boldsymbol{d}(k)+\boldsymbol{D}_f\boldsymbol{f}_i(k)\end{cases}\tag{6-17}$$

其中

$$\boldsymbol{A}_1=\boldsymbol{A}_3=\begin{bmatrix}0.82 & 0 & 0 & 0\\ 0.1 & 0.45 & 0 & 0\\ 0 & 0.25 & 0.85 & 0\\ 0 & 0 & 0.2 & 0.9\end{bmatrix}$$

$$\boldsymbol{A}_2=\begin{bmatrix}0.82 & 0 & 0 & 0\\ 0.1 & 0.45 & 0 & 0\\ 0 & 0 & 0.85 & 0\\ 0 & 0 & 0.2 & 0.9\end{bmatrix}$$

$$\boldsymbol{B}=\begin{bmatrix}0.4\\ 0\\ 0\\ 0\end{bmatrix},\quad \boldsymbol{\eta}_1=\begin{bmatrix}0\\ 0\\ -0.01\\ 0\end{bmatrix}$$

$$\boldsymbol{\eta}_2=\begin{bmatrix}0\\ 0\\ 0.25v(k-1)\\ 0\end{bmatrix},\quad \boldsymbol{\eta}_3=\begin{bmatrix}0\\ 0\\ 0.01\\ 0\end{bmatrix}$$

$$\boldsymbol{C}=[0\quad 0\quad 0\quad 1]$$

$u(k)=6\sin(6Tk)$，采样周期 $T=0.01$ s，仿真时长为 20 s。

其中，$x(k)=[x_{11}\quad x_{12}\quad x_{21}\quad x_{22}]^{\mathrm{T}}$，为了不失一般性，假设外干扰为如下信号

$$\begin{aligned}\boldsymbol{d}(k)&=[d_1(k)\quad d_2(k)\quad d_3(k)]^{\mathrm{T}}\\ &=[0.4\sin(20Tk)\quad 0.4\sin(20Tk)\quad \mathrm{random}(-0.01,0.01)]^{\mathrm{T}}\end{aligned}$$

其中，$d_1(k)$为输入 $u(k)$处的正弦干扰，$d_2(k)$为第二个线性环节前的输入干扰（负载输入干扰），$d_3(k)$为输出的噪声，假设为取值在$+0.01$和-0.01之间满足均匀分布的离散随机序列。

第一类故障（突变）：

$$\boldsymbol{f}_1(k)=[f_{11}(k)\quad f_{12}(k)]^{\mathrm{T}}=\begin{cases}[0\quad 0]^{\mathrm{T}}, & \text{其他}\\ [0.5\quad 0]^{\mathrm{T}}, & 400\leqslant k\leqslant 600\\ [0\quad -0.4]^{\mathrm{T}}, & 1200\leqslant k\leqslant 1400\end{cases}$$

第二类故障（缓变）：

$$\boldsymbol{f}_2(k)=[f_{21}(k)\quad f_{22}(k)]^{\mathrm{T}}=\begin{cases}[0\quad 0]^{\mathrm{T}}, & \text{其他}\\ [0.003(k-200)\quad 0], & 200\leqslant k\leqslant 400\\ [-0.3\quad 0], & 400\leqslant k\leqslant 600\\ [-0.002(k-1000)\quad 0], & 1000\leqslant k\leqslant 1200\\ [0\quad -0.04], & 1200\leqslant k\leqslant 1400\\ [0\quad 0.002(k-1400)], & 1400\leqslant k\leqslant 1600\end{cases}$$

图 6.6 给出了存在干扰和模型不确定性以及故障的情况下的结构，对图 6.6 进行分析，可以得到外干扰分布矩阵为

$$\boldsymbol{B}_d=[\boldsymbol{E}_1\quad \boldsymbol{E}_2]=\begin{bmatrix}0&0&0.4\\0&0&0\\0.25&0&0\\0&0&0\end{bmatrix},\quad \boldsymbol{B}_f=\begin{bmatrix}0.4&0\\0&0\\0&0\\0&0\end{bmatrix}$$

$$\boldsymbol{D}_d=[0\quad 0\quad 1],\quad \boldsymbol{D}_f=[0\quad 1]$$

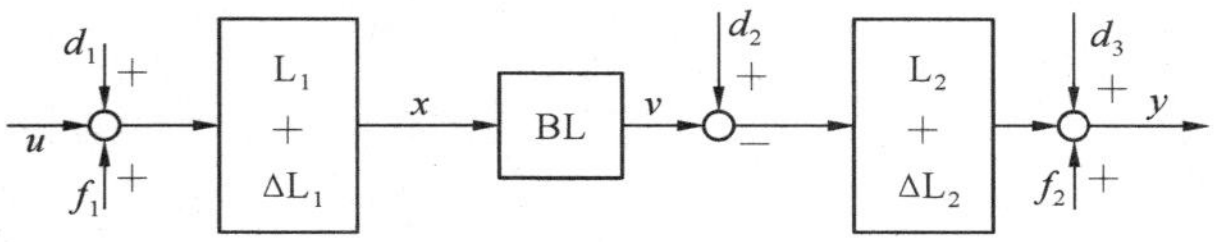

图 6.6　受干扰和故障影响的间隙三明治系统结构框图

假设模型不确定性矩阵为

$$\Delta\boldsymbol{A}=\begin{bmatrix}\Delta\partial_1\\\Delta\partial_2\\\Delta\partial_2\\\Delta\partial_2\end{bmatrix}=\begin{bmatrix}-0.05&0&0&0\\0&0&0&0\\0&0&-0.05&0\\0&0&0&0\end{bmatrix},\quad \Delta\boldsymbol{B}=\begin{bmatrix}\Delta b_1\\\Delta b_2\\\Delta b_3\\\Delta b_4\end{bmatrix}=\boldsymbol{0}$$

所以广义干扰矩阵和向量为

$$\boldsymbol{B}_d^*=\begin{bmatrix}1&0&0&0&0&0.4&0&0\\0&1&0&0&0&0&0&0\\0&0&1&0&0.25&0&0.25&0\\0&0&0&1&0&0&0&0\end{bmatrix}$$

$$\boldsymbol{d}^*=\begin{bmatrix}\Delta\partial_1\boldsymbol{x}+\Delta b_1 u\\\Delta\partial_2\boldsymbol{x}+\Delta b_2 u\\\Delta\partial_3\boldsymbol{x}+\Delta b_3 u\\\Delta\partial_4\boldsymbol{x}+\Delta b_4 u\\\delta_x\\d_1\\d_2\\d_3\end{bmatrix}$$

$$\boldsymbol{D}_d^*=[0\quad 0\quad 0\quad 0\quad 0\quad 0\quad 0\quad 1]$$

若不考虑鲁棒性，依旧按照原来不考虑模型误差和干扰的情况，取 3.3.3 节中所给的间隙非光滑非鲁棒观测器增益 $\boldsymbol{K}=[0\quad 0\quad 0.1\quad 0.1]^{\mathrm{T}}$，观测器满足收敛条件。

图 6.7 给出了非鲁棒观测器第一类故障和第二类故障的残差频谱图，由图 6.7可知，残差主要能量集中在频率为 $\omega_1=20$ rad/s，$\omega_2=6$ rad/s 附近的位置。因为无论是第一类故障还是第二类故障，其频率都可以认为是在低频区，而干扰频率主要集中在高频区，所以，干扰频率和故障频率不重叠。因此，设计鲁棒故障预报观测器时，主要抑制这两个频率的残差干扰，由此可以设计

$$\boldsymbol{K}_1=\begin{bmatrix}\cos(20T) & -\sin(20T) & 0 & 0\\ \sin(20T) & \cos(20T) & 0 & 0\\ 0 & 0 & \cos(6T) & -\sin(6T)\\ 0 & 0 & \sin(6T) & \cos(6T)\end{bmatrix}$$

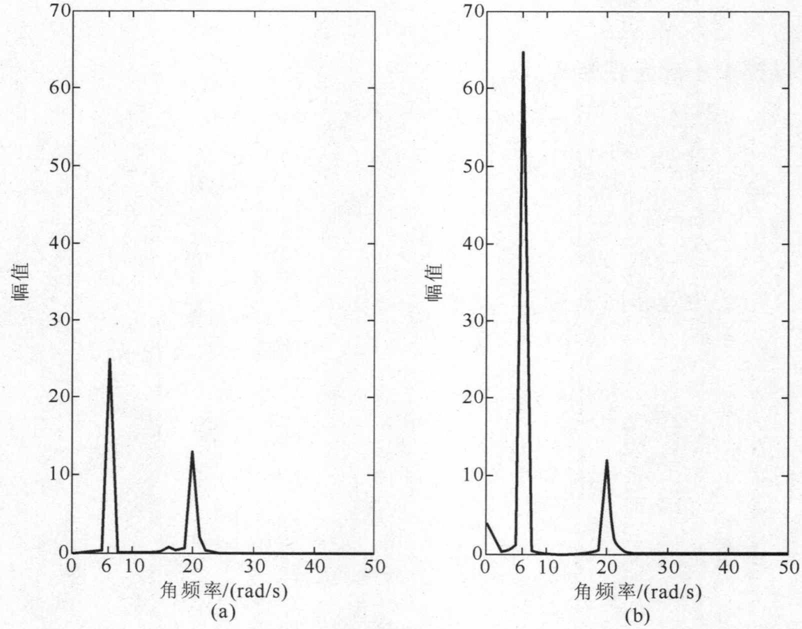

图 6.7　非鲁棒观测器的两类故障的残差频谱图

(a) 第一类故障残差频谱　(b) 第二类故障残差频谱

再根据式(6-15)采用优化算法解得其他增益矩阵的值，具体取值如下

$$\boldsymbol{K}_1=\begin{bmatrix}0.9801 & -0.1987 & 0 & 0\\ 0.1987 & 0.9801 & 0 & 0\\ 0 & 0 & 0.9982 & -0.0600\\ 0 & 0 & 0.0600 & 0.9982\end{bmatrix}$$

$$\boldsymbol{K}_2=[0.10126\quad 0.099251\quad -0.1199\quad -0.28242]^{\mathrm{T}}$$

$$
\boldsymbol{K}_3=\begin{bmatrix} 0.3542 & 0.5713 & 0.4089 & -0.0953 \\ -0.018 & 0.3131 & -0.0641 & 0.1239 \\ 0.5673 & 0.0921 & -0.1229 & 0.0684 \\ 0.45169 & -0.0033 & -0.1192 & -0.2704 \end{bmatrix}
$$

$$
\boldsymbol{K}_4=[0.5821 \quad 0.05009 \quad 0.3494 \quad 0.6034]^{\mathrm{T}}
$$

为了进一步说明鲁棒故障预报观测器的优点，将分别给出第一类故障和第二类故障发生时(见图 6.8 和图 6.9)两类观测器产生的残差。

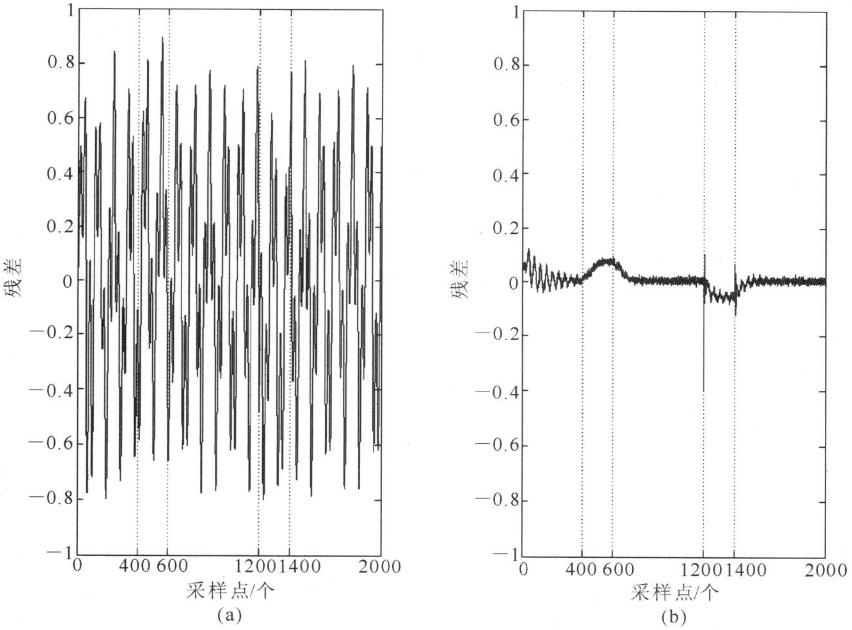

图 6.8　第一类故障残差比较

(a) 非鲁棒观测器　(b) 鲁棒观测器

由图 6.8 和图 6.9 可知：对于非鲁棒观测器，当第一类故障和第二类故障发生时，由于干扰的影响很大，无论是执行器故障还是传感器故障，它们产生的残差都完全被干扰残差淹没，无法准确地进行故障预报。而对于鲁棒故障预报观测器来说，在第一类突变故障发生时，当执行器在 400～600 的采样点发生故障时，残差显著偏离零线，当故障消除后，残差较快地恢复到零线附近。而对于 1200～1400 的采样点处发生的传感器故障，同样能进行准确预报。对于鲁棒观测器，当第二类缓变故障发生时候，即在 200～800 的采样点，当执行器发生故障时，残差显著偏离零线，当故障消除后，残差较快地恢复到零线附近。而对于 1000～1600 的采样点处的传感器故障，同样能进行准确预报。因此，鲁棒故障

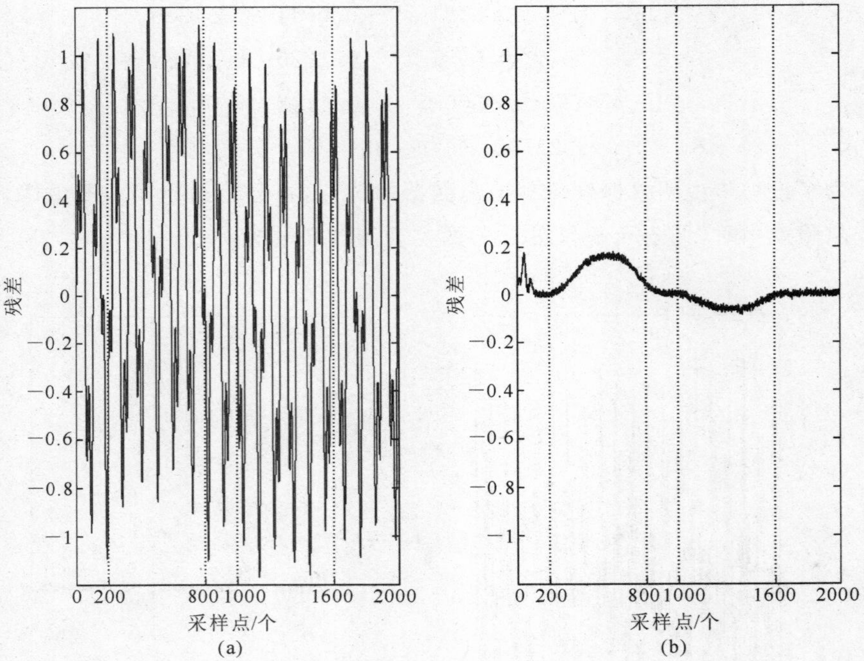

图 6.9　第二类故障的残差比较

(a) 非鲁棒观测器　(b) 鲁棒观测器

预报观测器能够准确及时地对间隙三明治系统进行故障预报。

6.3.3　迟滞三明治系统故障预报

$$\begin{cases}\boldsymbol{x}(k+1)=\boldsymbol{A}(k)\boldsymbol{x}(k)+\boldsymbol{B}u(k)+\boldsymbol{h}(k)+\boldsymbol{B}_d\boldsymbol{d}(k)+\boldsymbol{B}_f\boldsymbol{f}_i(k)\\ \boldsymbol{y}(k)=\boldsymbol{C}\boldsymbol{x}(k)+\boldsymbol{D}_d\boldsymbol{d}(k)+\boldsymbol{D}_f\boldsymbol{f}(k)\end{cases}\tag{6-18}$$

其中，

$$\boldsymbol{A}(k)=\begin{bmatrix}0.82 & 0 & 0 & 0\\ 0.1 & 0.45 & 0 & 0\\ 0 & 0.25\sum_{i=1}^{7}(1-g_{3i}(k)) & 0.85 & 0\\ 0 & 0 & 0.2 & 0.9\end{bmatrix}$$

$$\boldsymbol{B}=\begin{bmatrix}0.1\\ 0\\ 0\\ 0\end{bmatrix}$$

$$\boldsymbol{\eta}(k)=\left[0\quad 0\quad 0.25\sum_{i=1}^{7}((1-g_{3i}(k))(\frac{c_i}{2}g_{2i}(k)-\frac{c_i}{2}g_{1i}(k))+g_{3i}(k)v_i(k-1))\quad 0\right]^{\mathrm{T}}$$

$$\begin{aligned}\boldsymbol{y}(k)&=\boldsymbol{C}\boldsymbol{x}(k)=[0\quad 0\quad 0\quad 1]\boldsymbol{x}(k)\\&=[0\quad 0\quad 0\quad 1][x_{11}\quad x_{12}\quad x_{21}\quad x_{22}]^{\mathrm{T}}\end{aligned}$$

输入 $u(k)=6\sin(6Tk)$，采样周期 $T=0.01$ s，仿真时长为 20 s。假设外干扰为

$$\begin{aligned}\boldsymbol{d}(k)&=[d_1(k)\quad d_2(k)\quad d_3(k)]^{\mathrm{T}}\\&=[0.2\sin(20Tk)\quad 0.4\sin(20Tk)\quad \mathrm{random}(-0.01,0.01)]^{\mathrm{T}}\end{aligned}$$

其中，$d_1(k)$为输入 $u(k)$处的正弦干扰，$d_2(k)$为第二个线性环节前的输入干扰（负载输入干扰），$d_3(k)$为输出的噪声，假设为取值在-0.01和$+0.01$之间满足均匀分布的离散随机序列。

第一类故障（突变）：

$$\boldsymbol{f}_1(k)=[f_{11}(k)\quad f_{12}(k)]^{\mathrm{T}}=\begin{cases}[0\quad 0]^{\mathrm{T}}, & \text{其他}\\ [0.5\quad 0]^{\mathrm{T}}, & 400\leqslant k\leqslant 600\\ [0\quad -0.4]^{\mathrm{T}}, & 1200\leqslant k\leqslant 1400\end{cases}$$

第二类故障（缓变）：

$$\boldsymbol{f}_2(k)=[f_{21}(k)\quad f_{22}(k)]^{\mathrm{T}}=\begin{cases}[0\quad 0]^{\mathrm{T}}, & \text{其他}\\ [0.003(k-200)\quad 0], & 200\leqslant k\leqslant 400\\ [-0.3\quad 0], & 400\leqslant k\leqslant 600\\ [-0.002(k-1000)\quad 0], & 1000\leqslant k\leqslant 1200\\ [0\quad -0.04], & 1200\leqslant k\leqslant 1400\\ [0\quad 0.002(k-1400)], & 1400\leqslant k\leqslant 1600\end{cases}$$

图 6.10 给出了存在干扰和模型不确定性以及故障的情况下的结构，对图 6.10的分析，可以得到外干扰分布矩阵为

$$\boldsymbol{B}_d=[\boldsymbol{E}_1\quad \boldsymbol{E}_2]=\begin{bmatrix}0 & 0 & 0.1\\ 0 & 0 & 0\\ 0.25 & 0 & 0\\ 0 & 0 & 0\end{bmatrix}$$

$$\boldsymbol{B}_f=\begin{bmatrix}0.1 & 0\\ 0 & 0\\ 0 & 0\\ 0 & 0\end{bmatrix}$$

$$\boldsymbol{D}_d=[0\quad 0\quad 1],\quad \boldsymbol{D}_f=[0\quad 1]$$

假设模型不确定性矩阵为

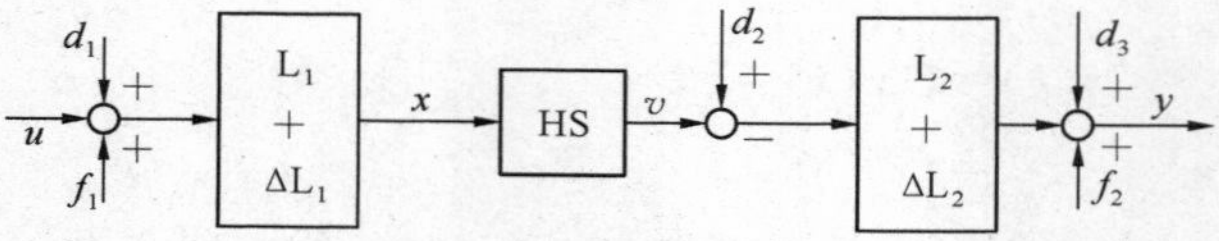

图 6.10　受干扰和故障影响的迟滞三明治系统结构

$$\Delta \boldsymbol{A}=\begin{bmatrix}\Delta\partial_1\\ \Delta\partial_2\\ \Delta\partial_2\\ \Delta\partial_2\end{bmatrix}=\begin{bmatrix}-0.02 & 0 & 0 & 0\\ 0 & 0 & 0 & 0\\ 0 & 0 & -0.05 & 0\\ 0 & 0 & 0 & 0\end{bmatrix}$$

$$\Delta \boldsymbol{B}=\begin{bmatrix}\Delta b_1\\ \Delta b_2\\ \Delta b_3\\ \Delta b_4\end{bmatrix}=\boldsymbol{0}$$

所以广义干扰矩阵和向量为

$$\boldsymbol{B}_d^*=\begin{bmatrix}1 & 0 & 0 & 0 & 0 & 0.1 & 0 & 0\\ 0 & 1 & 0 & 0 & 0 & 0 & 0 & 0\\ 0 & 0 & 1 & 0 & 0.25 & 0 & 0.25 & 0\\ 0 & 0 & 0 & 1 & 0 & 0 & 0 & 0\end{bmatrix}$$

$$\boldsymbol{d}^*=\begin{bmatrix}\Delta\partial_1\boldsymbol{x}+\Delta b_1 u\\ \Delta\partial_2\boldsymbol{x}+\Delta b_2 u\\ \Delta\partial_3\boldsymbol{x}+\Delta b_3 u\\ \Delta\partial_4\boldsymbol{x}+\Delta b_4 u\\ \delta_x(k)\\ d_1\\ d_2\\ d_3\end{bmatrix}$$

$$\boldsymbol{D}_d^*=[0\ \ 0\ \ 0\ \ 0\ \ 0\ \ 0\ \ 0\ \ 1]$$

若不考虑鲁棒性，依旧按照原来不考虑模型误差和干扰的情况，取 3.4.3 节中所给的迟滞非光滑状态估计观测器增益 $\boldsymbol{K}=[0\ \ 0\ \ 0.1\ \ 0.1]^{\mathrm{T}}$，观测器满足收敛条件。

图 6.11 给出了非鲁棒观测器第一类故障和第二类故障的残差频谱图，由图 6.11可知，残差主要能量集中在频率为 $\omega_1=20$ rad/s，$\omega_2=6$ rad/s 附近的位置。因为无论是第一类故障还是第二类故障，其频率都可以认为是在低频区，而干扰频率主要集中在高频区，所以，干扰频率和故障频率不重叠。那么设计鲁棒观测器时，主要抑制这两个频率的残差干扰，由此可以设计

$$\boldsymbol{K}_1=\begin{bmatrix}\cos(20T) & -\sin(20T) & 0 & 0\\ \sin(20T) & \cos(20T) & 0 & 0\\ 0 & 0 & \cos(6T) & -\sin(6T)\\ 0 & 0 & \sin(6T) & \cos(6T)\end{bmatrix}$$

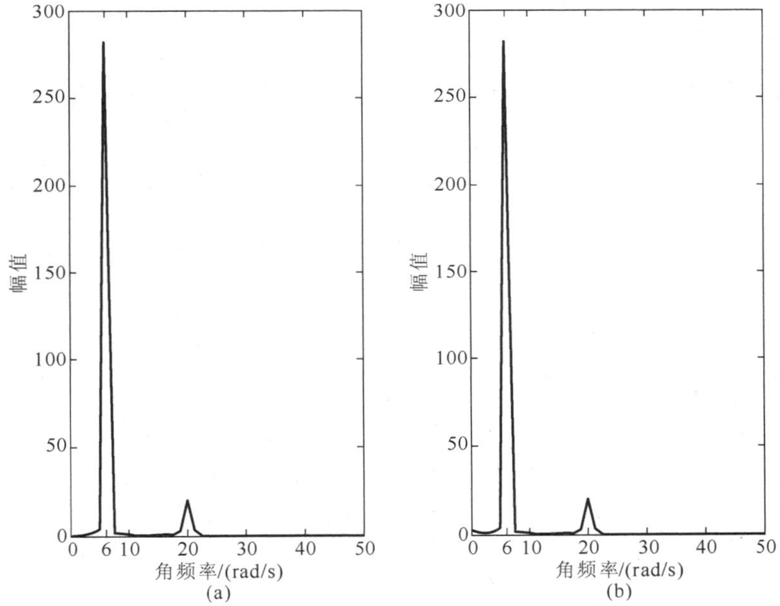

图 6.11　非鲁棒观测器的两类故障的残差

(a) 第一类故障残差频谱　(b) 第二类故障残差频谱

再根据式(6-15)采用优化算法解得其他增益矩阵如下

$$\boldsymbol{K}_1=\begin{bmatrix}0.9801 & -0.1987 & 0 & 0\\ 0.1987 & 0.9801 & 0 & 0\\ 0 & 0 & 0.9982 & -0.0600\\ 0 & 0 & 0.0600 & 0.9982\end{bmatrix}$$

$$\boldsymbol{K}_2=[0.2143\quad 0.2260\quad -0.0112\quad 0.0938]^{\mathrm{T}}$$

$$\boldsymbol{K}_3 = \begin{bmatrix} 0.0210 & 0.7968 & 0.9739 & 0.1086 \\ 0.6118 & 0.1371 & 0.2635 & 0.1287 \\ 0.2008 & 0.4053 & 0.0359 & 0.2255 \\ 0.9082 & 0.3964 & 0.4203 & 0.0716 \end{bmatrix}$$

$$\boldsymbol{K}_4 = [0.0254 \quad 0.1655 \quad 0.8566 \quad 0.8885]^{\mathrm{T}}$$

为了进一步说明鲁棒故障预报观测器的优点，将分别给出第一类故障和第二类故障发生时(见图 6.12 和图 6.13)两类观测器产生的残差。由图 6.12 和图 6.13 可知：对于非鲁棒观测器，当第一类故障和第二类故障发生时，由于干扰的影响很大，无论是执行器故障还是传感器故障，它们产生的残差都完全被干扰残差淹没，无法准确地进行故障预报。而对于鲁棒故障预报观测器来说，在第一类突变故障发生时，当执行器在 400～600 的采样点发生故障时，残差显著偏离零线，当故障消除后，残差较快地恢复到零线附近。而对于 1200～1400 的采样点处发生的传感器故障，同样能进行准确预报。对于鲁棒观测器，当第二类缓变故障发生时，即在 200～800 的采样点，当执行器发生故障时，残差显著偏离零线，当故障消除后，残差较快地恢复到零线附近。而对于 1000～1600 的采样点处的传感器故障，同样能进行准确预报。因此，鲁棒故障预报观测器能够准确及时地对迟滞三明治系统进行故障预报。

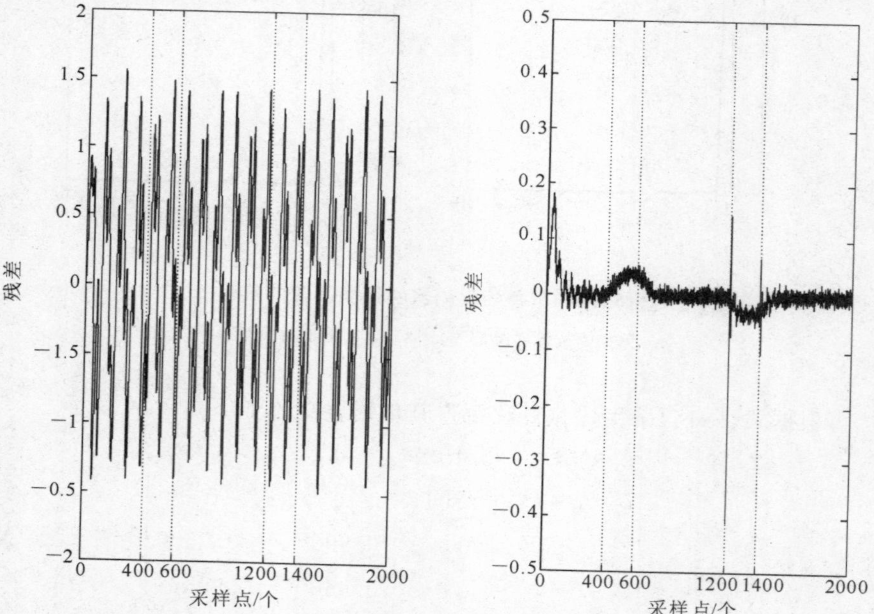

(a)　　(b)

图 6.12　第一类故障的残差比较

(a) 非鲁棒观测器　(b) 鲁棒观测器

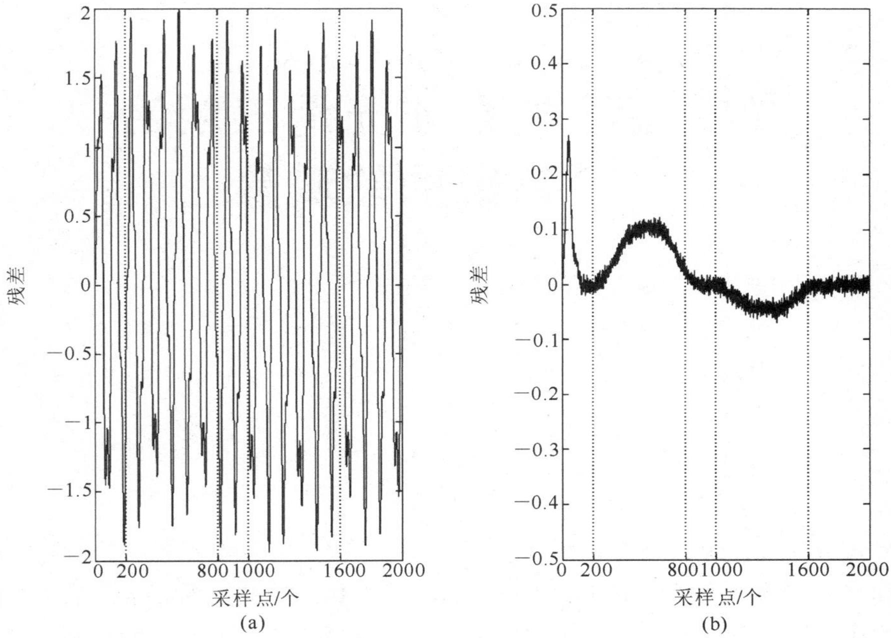

图 6.13　第二类故障的残差比较

（a）非鲁棒观测器　（b）鲁棒观测器

6.4　结　　论

针对控制工程实际中广泛存在的三明治系统，本章构建了一种鲁棒故障预报观测器对其进行故障预报。鲁棒故障预报观测器的增益矩阵通过零点配置和最小化基准区间观测器的 $H_{\infty,F}/H_{-,F}$ 指标的方法来确定。因此，鲁棒故障预报观测器的残差只对故障敏感，有效避免故障的漏报和误报，实现了故障的准确预报。最后通过仿真，分别比较了基于鲁棒故障预报观测器和基于非鲁棒观测器的故障预报效果，比较结果表明：鲁棒故障预报观测器能够及时地准确预报非鲁棒观测器无法预报的故障。

第 7 章　复合非光滑三明治系统的软测量

7.1　引　　言

在实际的工程中，很多系统并非是如图 1.1 所示的典型非光滑三明治系统，例如，一个机械传动系统由放大电路、直流电动机、齿轮减速器和定位平台四部分组成。那么，放大电路可以看作是一个线性环节 L_1，直流电动机由于存在死区特性可以看作是一个死区环节 DZ，齿轮减速器可以看作是一个间隙环节 BL，最后定位平台可以看作是一个线性环节 L_2。因此，整个系统可以表示为如图 7.1 所示的结构，它的非光滑环节由一个死区环节串联一个间隙环节构成。

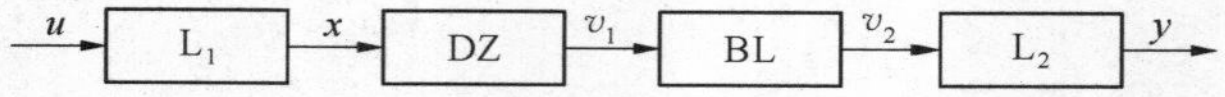

图 7.1　死区间隙复合非光滑三明治系统

图 7.1 给出的只是一个比较常见的例子，事实上，这样的系统在实践工程中并不少见。再如，一个柔性机械手臂由放大电路、直流电动机、压电陶瓷和机器手臂的执行机构组成，同样多级放大电路中的第一级放大电路可以看作是一个线性环节 L_1，第二级直流电动机可以看作是一个死区环节 DZ，压电陶瓷存在迟滞特性，可以看作是一个迟滞环节 HS，最后，机器手臂的执行机构可以看作是一个线性环节 L_2。因此，整个系统可以表示为图 7.2 所示的结构，它的非光滑环节由一个死区串联一个迟滞组成。

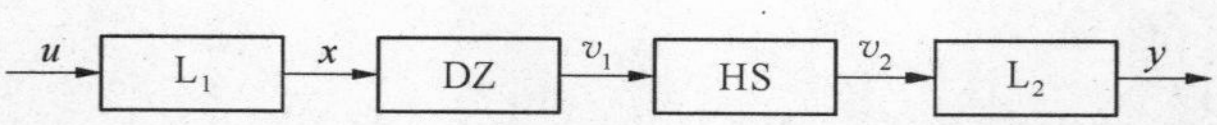

图 7.2　死区迟滞复合非光滑三明治系统

常用的液压伺服系统由一个伺服电动机、齿轮减速器、液压伺服阀和负载四部分组成，如图 7.3 所示。因此，伺服电动机可以看作是前端线性环节 L_1，齿轮减速器由于存在间隙可以看作是一个间隙环节 BL，液压伺服阀的阀芯由于存在重合区可以看作是一个死区环节 DZ，负载可以看作是一个后端线性环节 L_2。因此，整个系统可以表示为如图 7.3 所示的结构，它的非光滑环节由一个间隙环节串联一个死区环节构成。

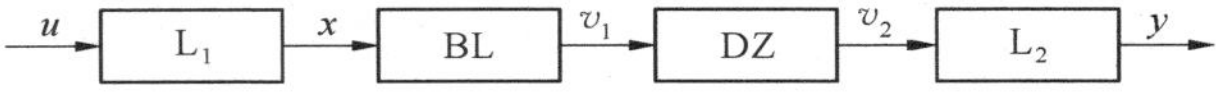

图 7.3　间隙死区的复合非光滑三明治系统

由于超声波电动机的优点，它被广泛应用于航空航天、精密仪器仪表、机器人的关节驱动和微型机械技术中的微驱动器中。超声波电动机的运行机理为：压电陶瓷—串联—摩擦—串联—转子，由于压电陶瓷包含有线性放大电路 L_1 和迟滞 HS，摩擦特性存在死区 DZ，转子可以看作是线性系统 L_2。因此，整个超声波电动机就可以用图 7.4 所示的含有频变迟滞和死区的复合非光滑三明治系统来描述。

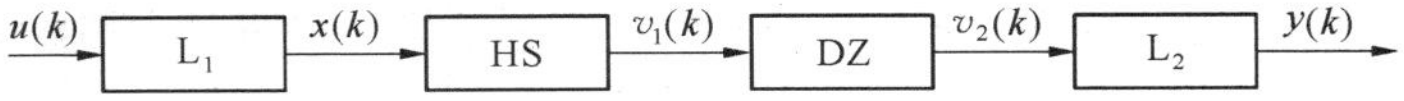

图 7.4　含有频变迟滞和死区的复合非光滑三明治系统

由于这类系统相对于压电陶瓷执行器更为复杂，有关这类系统的辨识、状态估计和故障定位研究很少，因此，如何解决这类更为复杂的非光滑非线性系统的白箱辨识、状态估计(中间变量重构)和故障诊断(包括故障定位)问题是实现超声波电动机的准确建模、状态估计和故障诊断的基础，因此，相关研究具有重要的科学意义和应用价值。

7.2　复合三明治系统的软测量

典型的含有间隙和死区的非光滑三明治系统如图 7.5 所示。其中，$u(k)$ 和 $y(k)$ 分别是可测的输入和输出变量。$x(k)$、$v_1(k)$ 和 $v_2(k)$ 是不可测的中间变量。L_1 是前端线性环节，L_2 是后端线性环节。DZ 和 BL 分别代表死区和间隙环节。

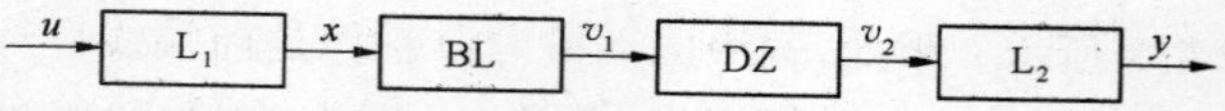

图 7.5 含有间隙和死区的复合非光滑三明治系统

L_1 可以用式(7-1)描述

$$\begin{cases}\boldsymbol{x}_1(k+1)=\boldsymbol{A}_1\boldsymbol{x}_1(k)+\boldsymbol{B}_1u(k)\\ \boldsymbol{y}_1(k)=\boldsymbol{C}_1\boldsymbol{x}_1(k)\end{cases} \tag{7-1}$$

L_2 可以用式(7-2)描述

$$\begin{cases}\boldsymbol{x}_2(k+1)=\boldsymbol{A}_2\boldsymbol{x}_2(k)+\boldsymbol{B}_2v_2(k)\\ \boldsymbol{y}_2(k)=\boldsymbol{C}_2\boldsymbol{x}_2(k)\end{cases} \tag{7-2}$$

间隙的输入和输出特性如图 7.6 所示,具体表达式(7-3)。死区的输入和输出特性如图 7.7 所示,具体表达式(7-4)。

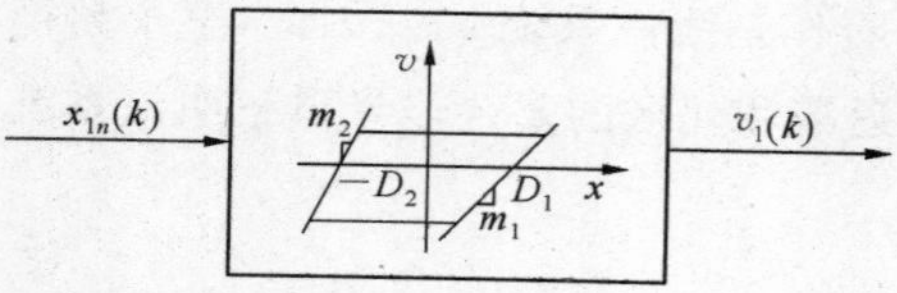

图 7.6 间隙的输入和输出特性

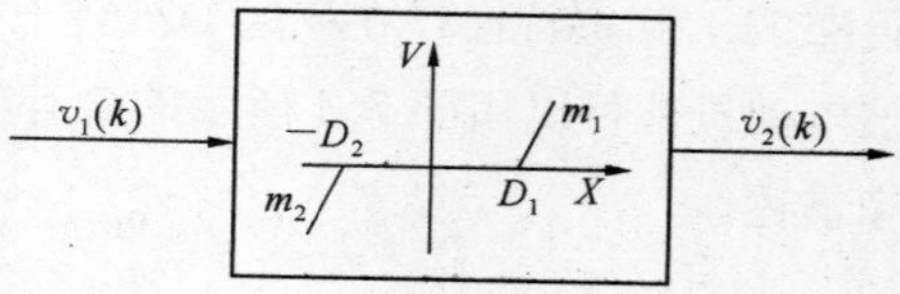

图 7.7 死区的输入和输出特性

$$v_1(k)=\begin{cases}m_{1b}(x_{1n}(k)-D_{1b}), & x_{1n}(k)>\dfrac{v_1(k-1)}{m_{2b}}-D_{1b},\Delta x_{1n}(k)>0\\ m_{2b}(x_{1n}(k)+D_{2b}), & x_{1n}(k)<\dfrac{v_1(k-1)}{m_{2b}}-D_{2b},\Delta x_{1n}(k)<0\\ v_1(k-1) & \text{其他}\end{cases} \tag{7-3}$$

$$v_2(k)=\begin{cases}m_{1d}(v_1(k)-D_{1d}), & v_{1d}(k)>D_{1d}\\ 0, & -D_{2d}\leqslant v_1(k)\leqslant D_{1d}\\ m_{2d}(v_1(k)+D_{2d}), & v_1(k)<-D_{2d}\end{cases} \tag{7-4}$$

其中,$\boldsymbol{x}_i\in\mathbf{R}^{n_i\times 1}$,$\boldsymbol{A}_i\in\mathbf{R}^{n_i\times n_i}$,$\boldsymbol{B}_i\in\mathbf{R}^{n_i\times 1}$,$\boldsymbol{y}_i\in\mathbf{R}^{1\times 1}$,$\boldsymbol{C}_i\in\mathbf{R}^{1\times n_i}$,$u\in\mathbf{R}^{1\times 1}$,$v_i\in\mathbf{R}^{1\times 1}$,$i=1,2$。这里,$x_{1i}$ 和 x_{2i} 表示 L_1 和 L_2 的状态变量。$\boldsymbol{A}_i\in\mathbf{R}^{n_i\times n_i}$ 是子系统的转移矩阵,$\boldsymbol{B}_i\in\mathbf{R}^{n_i\times 1}$ 是子系统的输入矩阵,$\boldsymbol{y}_i\in\mathbf{R}^{1\times 1}$ 是输出变量,n_i 表示第 i 个线性子系统的维数,$u\in\mathbf{R}^{1\times 1}$ 是输入变量,$v_1\in\mathbf{R}^{1\times 1}$ 是间隙的输出变量,$v_2\in\mathbf{R}^{1\times 1}$ 是死区的输出变量。m_{1b} 和 m_{1d} 分别是间隙和死区的斜率。D_{1b} 和 D_{1d} 是间隙和死区的宽度。为了不失一般性,设定 $x_{1n_1}(k)=x(k)$ 和 $x_{2n_2}(k)=y(k)$。$\boldsymbol{C}=[0\ \ 0\ \ \cdots\ \ 0\ \ 1]\in\mathbf{R}^{1\times(n_1+n_2)}$。

7.3　复合非光滑观测器的结构

由式(7-1)、式(7-2)、式(7-3)和式(7-4)，含有间隙和死区的隆贝格型复合非光滑三明治系统如下

$$\begin{cases}\hat{\boldsymbol{x}}_1(k+1)=\boldsymbol{A}_1\hat{\boldsymbol{x}}_1(k)+\boldsymbol{B}_1u(k)\\ \hat{\boldsymbol{x}}_2(k+1)=\boldsymbol{A}_2\hat{\boldsymbol{x}}_2(k)+\boldsymbol{B}_2\hat{v}_2(k)+\boldsymbol{K}_2(\boldsymbol{y}(k)-\hat{\boldsymbol{y}}(k))\\ \hat{\boldsymbol{y}}(k)=\boldsymbol{C}\hat{\boldsymbol{x}}(k),\hat{\boldsymbol{x}}(k)=\begin{bmatrix}\hat{\boldsymbol{x}}_1(k)\\ \hat{\boldsymbol{x}}_2(k)\end{bmatrix}\end{cases}\tag{7-5}$$

其中，

$$\hat{v}_1(k)=\begin{cases}m_{1b}(\hat{x}_{1n_1}-D_{1b}), & \hat{x}_{1n_1}>\dfrac{\hat{v}_1(k-1)}{m_{2b}}-D_{1b},\Delta\hat{x}_{1n_1}>0\\ m_{2b}(\hat{x}_{1n_1}+D_{2b}), & \hat{x}_{1n_1}<\dfrac{\hat{v}_1(k-1)}{m_{2b}}-D_{2b},\Delta\hat{x}_{1n_1}<0\\ \hat{v}_1(k-1) & \text{其他}\end{cases}$$

$$\hat{v}_2(k)=\begin{cases}m_{1d}(\hat{v}_1(k)-D_{1d}), & \hat{v}_1(k)>D_{1d}\\ 0, & -D_{2d}\leqslant\hat{v}_1(k)\leqslant D_{1d}\\ m_{2d}(\hat{v}_1(k)+D_{2d}), & \hat{v}_1(k)<-D_{2d}\end{cases}$$

其中反馈矩阵 $\boldsymbol{K}_2\in\mathbf{R}^{n_2\times 1}$。

7.4　复合非光滑观测器的收敛性

假定复合非光滑三明治系统符合如下条件。

条件 1：状态 $\boldsymbol{x}(k)$是有界的，如：$\forall k$，$\|\boldsymbol{x}(k)\|_m\leqslant x_b,x_b\geqslant 0$；

条件 2：初始误差 $\boldsymbol{e}(1)$是有界的，如：$\|\boldsymbol{e}(1)\|_m\leqslant e_b,e_b\geqslant 0$；

条件 3：$\boldsymbol{A}_1$ 的特征值均在单位圆内。

定理：对于间隙死区复合非光滑三明治系统，构建非光滑观测器(7-5)，若选择增益矩阵 $\boldsymbol{K}_2$ 满足($\boldsymbol{A}_2-\boldsymbol{K}_2\boldsymbol{C}_{22}$)的特征值均在单位圆内，那么观测器的状态估计值最终收敛到零。证明过程见附录 A。

7.5 案例说明

伺服液压系统如图 7.8 所示，其中直流电动机可以看作是一个线性系统 L_1，后端的负载可以看作是线性系统 L_2，中间的齿轮减速系统由于存在间隙可以看作是一个间隙环节 BL，由于液压阀的阀芯存在，重叠区域可以看作是一个死区环节 DZ。因此，整个液压伺服系统可以看作是一个含有间隙和死区的复合非光滑三明治系统。该系统主要用作力的放大，只需要给主阀一个较小的力，在负载上就能够产生较大的输出力。

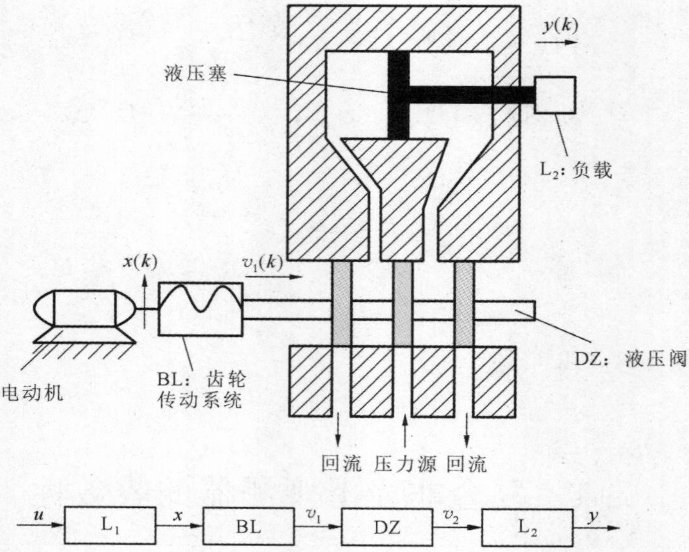

图 7.8　液压伺服系统

$$L_1:\begin{bmatrix}x_{11}(k+1)\\x_{12}(k+1)\end{bmatrix}=\begin{bmatrix}0.8 & 0\\0.01 & 0.45\end{bmatrix}\begin{bmatrix}x_{11}(k)\\x_{12}(k)\end{bmatrix}+\begin{bmatrix}0.004107\\0\end{bmatrix}u(k)$$

$$L_2:\begin{bmatrix}x_{21}(k+1)\\x_{22}(k+1)\end{bmatrix}=\begin{bmatrix}0.8 & 0\\0.2 & 0.9\end{bmatrix}\begin{bmatrix}x_{21}(k)\\x_{22}(k)\end{bmatrix}+\begin{bmatrix}0.25\\0\end{bmatrix}v(k)$$

$$BL(x_{12}(k))=v_1(k)=\begin{cases}x_{12}(k)-0.03, & x_{12}(k)>v_1(k-1)+0.03,\Delta x_{12}(k)>0\\ v_1(k-1), & \text{其他}\\ x_{12}(k)+0.03, & x_{12}(k)<v_1(k-1)-0.03,\Delta x_{12}(k)<0\end{cases}$$

$$DZ(v_1(k))=v_2(k)=\begin{cases}v_1(k)-0.02, & v_1(k)>0.02\\ 0, & -0.02\leqslant v_1(k)\leqslant 0.02\\ v_1(k)+0.02, & v_1(k)<-0.02\end{cases}$$

$$\boldsymbol{y}(k)=\boldsymbol{Cx}(k)=[0\quad 0\quad 0\quad 1]\begin{bmatrix}x_{11}(k)\\ x_{12}(k)\\ x_{21}(k)\\ x_{22}(k)\end{bmatrix} \tag{7-6}$$

其中：x_{11}表示阀的速度，m/s；x_{12}表示阀的位移，m，对应于 $x(k)$；x_{21}表示负载的速度，m/s；x_{22}表示负载的位移，m，对应于 $y(k)$。

选择 $\boldsymbol{K}_2=\begin{bmatrix}0.1\\ 0.1\end{bmatrix}$，于是有（$\boldsymbol{A}_2-\boldsymbol{K}_2\boldsymbol{C}_{22}$）的特征值为[0.8000＋i0.1414，0.8000－i0.1414]均在单位圆内，根据定理可知观测器收敛。

由图 7.9、图 7.10 和图 7.11 可知，复合非光滑观测器能较好地跟踪系统的真实状态值，估计误差最终收敛到零，实现了对该类系统准确的软测量。而由于没有精确建模，传统观测器的估计误差较大，且无法实现对系统状态的准确软测量。

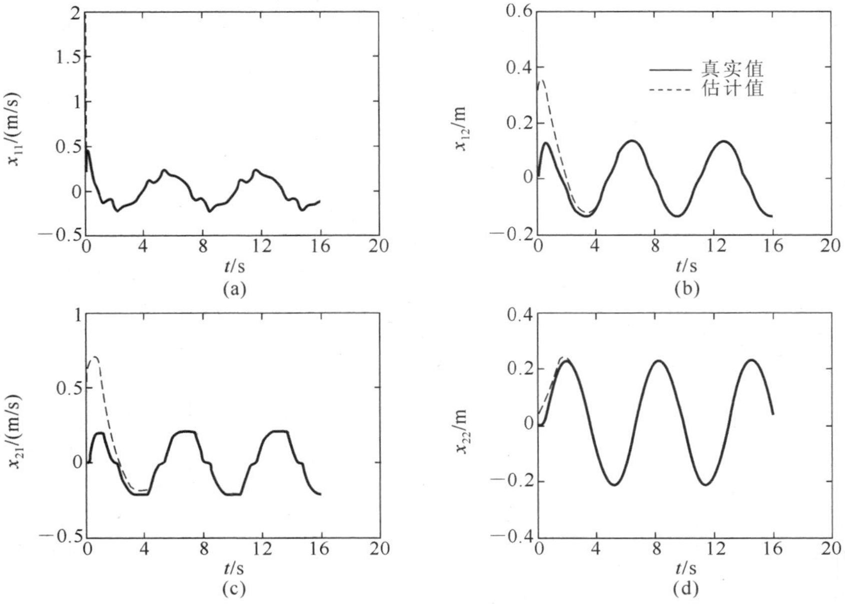

图 7.9　复合非光滑观测器的估计值

由图 7.12 可见，复合非光滑观测器还能实现对中间变量 v_1 和 v_2 的软测量，这对于该类系统的控制和故障诊断具有重要意义。

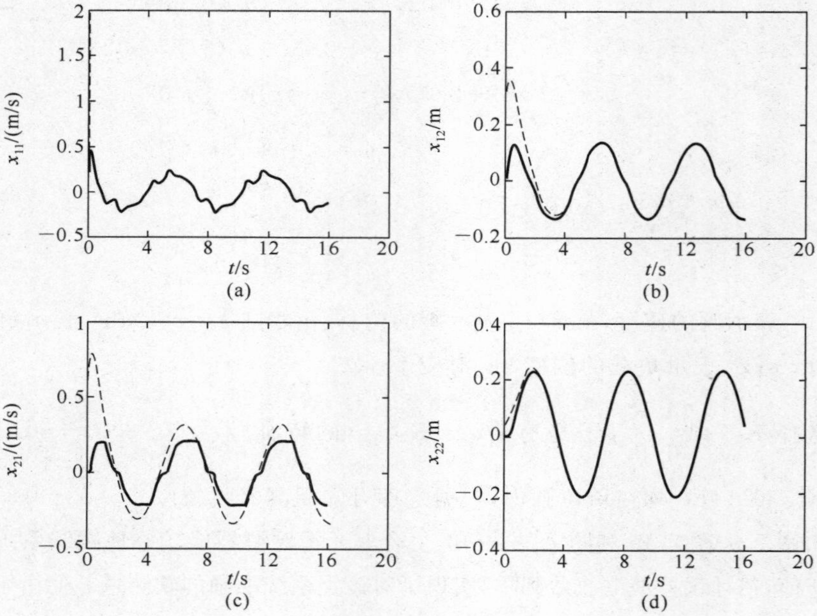

图 7.10　传统线性观测器的状态估计值

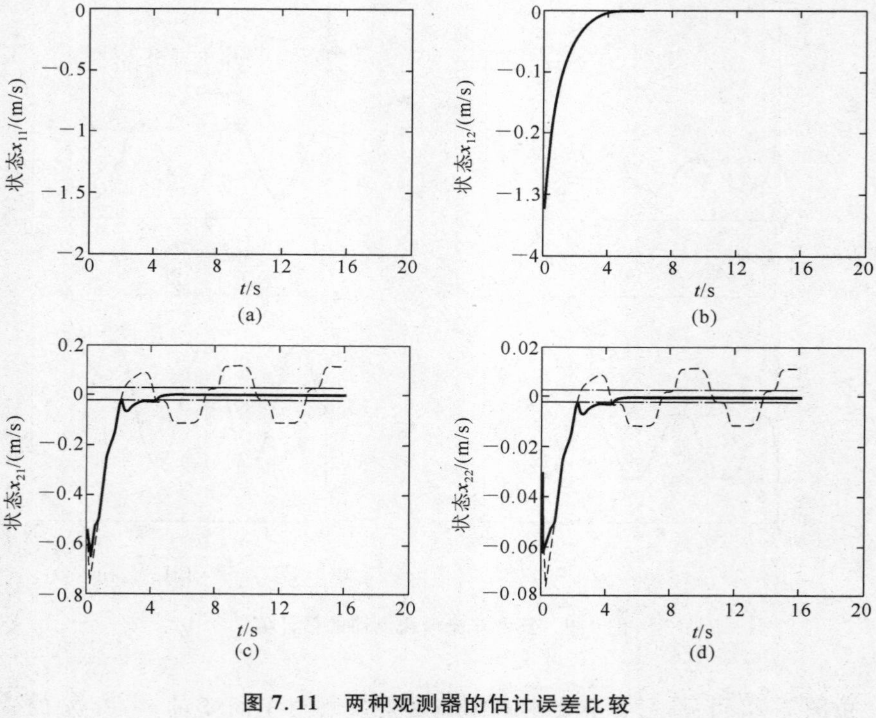

图 7.11　两种观测器的估计误差比较

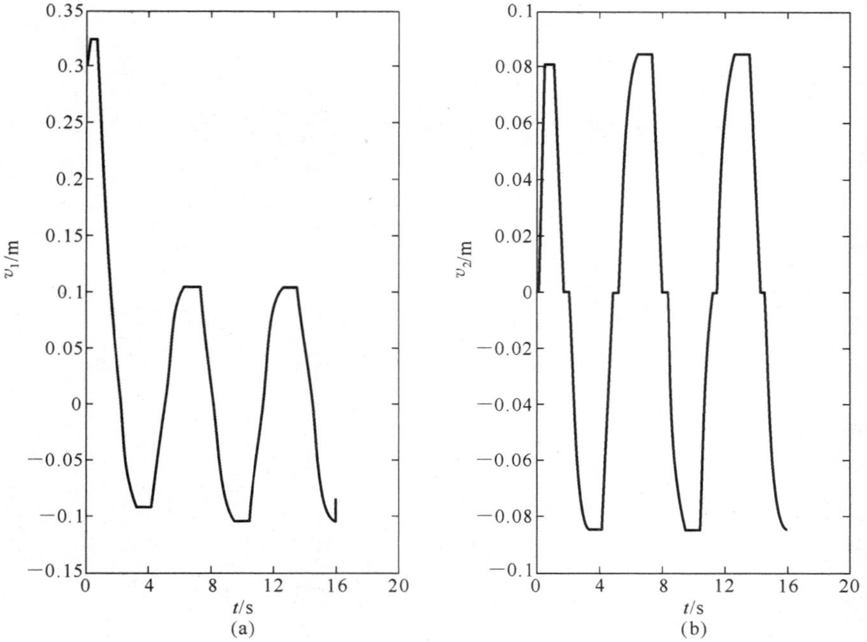

图 7.12　中间变量 v_1 和 v_2

第 8 章　总结与展望

8.1　对研究工作的总结

从 2007 年 8 月开始，经过近五年的艰苦研究，笔者完成了非光滑三明治系统这一复杂非线性系统的非光滑状态估计观测器的设计与收敛性分析工作、鲁棒状态估计观测器的设计工作和鲁棒故障预报观测器的设计工作。

1. 完成的主要工作内容

(1) 构建了能准确描述非光滑三明治系统的非光滑状态空间方程。利用关键项分离原则和切换函数，由简单到复杂，分别构建了死区、间隙、迟滞非光滑三明治系统的非光滑整体状态空间方程。分析了死区、间隙和迟滞三者的内在联系，得到了这三类非光滑三明治系统的非光滑状态空间方程表达式。

(2) 完成了非光滑三明治系统的能观性分析以及非光滑状态观测器的存在性条件分析。分析了非光滑三明治系统的能观性，即非光滑三明治系统在各个工作区间或是工作点是否完全能观。若系统不完全能观，则给出系统非光滑状态估计观测器的存在性条件。

(3) 非光滑三明治系统的非光滑状态观测器设计与收敛性定理。根据内容(1)构建的非光滑三明治状态空间方程，当系统满足内容(2)给出的非光滑状态估计观测器存在性条件时，构造了能随非光滑三明治系统工作区间变化而自动切换的非光滑状态估计观测器，并给出了相应非光滑状态估计观测器的收敛定理及其证明。

(4) 非光滑三明治系统鲁棒状态估计观测器设计。在内容(3)设计的非光滑状态估计观测器基础上，考虑模型误差、外干扰和切换误差存在的情况下，构建非光滑三明治系统的鲁棒状态观测器。

(5) 非光滑三明治系统鲁棒故障预报观测器设计。根据内容(1)构建的非光滑状态空间方程，在考虑模型误差、外干扰和切换误差存在的情况下，构建非光滑三明治系统的鲁棒故障预报观测器。

2. 取得的主要研究成果

（1）拓展了基于观测器的复杂系统状态估计理论，得到了适合于描述非光滑三明治系统的非光滑状态空间方程描述方法。

（2）明确了非光滑三明治系统的非光滑状态估计观测器的存在条件，给出了非光滑状态估计观测器的设计方法和收敛性定理。在不考虑模型不确定性和干扰的情况下，实现了对非光滑三明治系统的准确状态估计。

（3）在存在模型不确定性和干扰的情况下，给出了非光滑三明治系统鲁棒状态估计观测器的设计方法，实现了非光滑三明治系统的鲁棒状态估计。

（4）在存在模型不确定性和干扰的情况下，给出了非光滑三明治系统鲁棒故障预报观测器的设计方法，实现了非光滑三明治系统的准确故障预报，有效避免了由于观测器设计不恰当造成的故障误报和漏报现象。

3. 主要创新点

（1）在研究思想上，本研究提出了利用非光滑状态空间方程准确描述非光滑三明治系统的思想，具有较强的探索性。

（2）在研究方法上，本研究提出了构造能随非光滑三明治系统工作区间改变而自动准确切换的非光滑状态估计观测器的设计方法，非光滑状态估计观测器的设计方法符合非光滑三明治系统的客观工作规律，能更准确估计非光滑三明治系统的状态。

（3）在观测器理论方法上，提出了非光滑三明治系统观测器的存在条件；在非光滑状态估计观测器存在的条件下，给出了非光滑状态估计观测器的收敛性定理及其证明。

（4）在鲁棒状态估计观测器和鲁棒故障预报观测器设计方面，针对特殊的非光滑三明治系统，修正了传统的鲁棒状态估计观测器和鲁棒故障预报观测器设计方法，在鲁棒状态估计观测器和鲁棒故障预报观测器设计时将观测器可能存在的区间估计误差作为干扰考虑，提出了广义干扰的概念，有效解决了非光滑三明治系统存在切换误差的特殊性问题。

8.2　对未来研究工作的展望

（1）非光滑三明治系统的故障诊断，包括执行器和传感器故障的定位和估计等。

(2) 更复杂的复合非光滑三明治系统状态估计与故障诊断,包括几个非光滑环节叠加的复杂三明治系统。

(3) 更复杂的复合非光滑三明治系统鲁棒状态估计与鲁棒故障诊断。

(4) 带随机迟滞的非光滑三明治系统的软测量和滤波,带高频迟滞的非光滑三明治系统的软测量与控制等。

附录 A　死区三明治系统观测器收敛定理证明

根据式(4-5)和式(4-6),可得

$$\boldsymbol{e}_1(k+1)=\boldsymbol{A}_{11}\boldsymbol{e}_1(k)-\boldsymbol{K}_1\boldsymbol{C}_{22}\boldsymbol{e}_2(k) \tag{A-1}$$

$$\boldsymbol{e}_2(k+1)=\boldsymbol{A}_{21g(k)}\boldsymbol{e}_1(k)+(\boldsymbol{A}_{22}-\boldsymbol{K}_2\boldsymbol{C}_{22})\boldsymbol{e}_2(k)+\Delta\boldsymbol{A}_{21sg}\boldsymbol{x}_1(k)+\Delta\boldsymbol{\theta}_{22sg} \tag{A-2}$$

根据定理的已知条件:$\boldsymbol{K}_1=\boldsymbol{0}$,且 $\boldsymbol{A}_{11}$ 和 $\boldsymbol{A}_{22}-\boldsymbol{K}_2\boldsymbol{C}_{22}$ 的特征值均在单位圆内,即它们的特征值的模都小于 1($|\lambda_i|<1$),根据对矩阵谱半径的定义有:$\boldsymbol{A}_{11}$ 的谱半径$\rho(\boldsymbol{A}_{11})<1$,$\boldsymbol{A}_{22}-\boldsymbol{K}_2\boldsymbol{C}_{22}$ 的谱半径 $\rho(\boldsymbol{A}_{22}-\boldsymbol{K}_2\boldsymbol{C}_{22})<1$。

第一步,证明满足 3.2 节死区观测器定理的条件(2)和(3)时,第一个线性系统子状态的估计误差$\boldsymbol{e}_1(k)$最终会趋于零。

根据定理条件(3),由式(A-1)可得

$$\boldsymbol{e}_1(k+1)=\boldsymbol{A}_{11}\boldsymbol{e}_1(k) \tag{A-3}$$

对式(A-3)进行递推,得

$$\boldsymbol{e}_1(k+1)=\boldsymbol{A}_{11}^k\boldsymbol{e}_1(1) \tag{A-4}$$

由文献[69]中的矩阵序列收敛定理可知:设 $\boldsymbol{A}\in\boldsymbol{C}^{n\times n}$,则$\lim\limits_{k\to\infty}\boldsymbol{A}^k=0$ 的充分必要条件是 $\boldsymbol{A}$ 的谱半径 $\rho(\boldsymbol{A})<1$。因此

$$\rho(\boldsymbol{A}_{11})<1\Rightarrow\lim_{k\to\infty}\boldsymbol{A}_{11}^k=0 \tag{A-5}$$

根据定理条件(2)有

$$\lim_{k\to\infty}\|\boldsymbol{e}_1(k+1)\|_m=\lim_{k\to\infty}\|\boldsymbol{e}_1(1)\boldsymbol{A}_{11}^k\|_m\leqslant e_b\lim_{k\to\infty}\|\boldsymbol{A}_{11}^k\|_m\to 0 \tag{A-6}$$

即

$$\lim_{k\to\infty}\|\boldsymbol{e}_1(k)\|_m=0\Rightarrow\lim_{k\to\infty}\boldsymbol{e}_1(k)=0\Rightarrow\lim_{k\to\infty}(\boldsymbol{x}_1(k)-\hat{\boldsymbol{x}}_1(k))=0 \tag{A-7}$$

因此,$\hat{\boldsymbol{x}}_1(k)$收敛于 $\boldsymbol{x}_1(k)$得证。

第二步,证明第二个线性系统子状态的估计误差 $\boldsymbol{e}_2(k)$最终会趋于零。

首先,证明当 $k\to\infty$时,观测器估计的工作区间与系统实际工作区间一致。由式(2-11)可知,$s(k)$的计算公式为

$$s(k)=\begin{cases}1, & x_{1n_1}(k)>D_1(\text{线性上升区})\\2, & -D_2\leqslant x_{1n_1}(k)\leqslant D_1(\text{死区})\\3, & x_{1n_1}(k)<-D_2(\text{线性下降区})\end{cases}\tag{A-8}$$

由式(3-1)可知，$g(k)$的计算公式如下

$$g(k)=\begin{cases}1, & \hat{x}_{1n_1}(k)>D_1(\text{线性上升区})\\2, & -D_2\leqslant \hat{x}_{1n_1}(k)\leqslant D_1(\text{死区})\\3, & \hat{x}_{1n_1}(k)<-D_2(\text{线性下降区})\end{cases}\tag{A-9}$$

由式(A-7)可知，$\lim\limits_{k\to\infty}\boldsymbol{e}_1(k)=0\Rightarrow\lim\limits_{k\to\infty}(\boldsymbol{x}_1(k)-\hat{\boldsymbol{x}}_1(k))=\boldsymbol{0}$，根据向量极限的定义可知，当向量极限为零向量时，其每一个元素的极限也为零。所以有

$$\lim_{k\to\infty}(x_{1n_1}(k)-\hat{x}_{1n_1}(k))=0\Leftrightarrow\lim_{k\to\infty}(\hat{x}_{1n_1}(k)-x_{1n_1}(k))=0\tag{A-10}$$

结合式(A-10)，根据序列极限定义可知：对于任意小的ε，$\varepsilon>0$，总存在N_1（N_1为大于零的正整数），当$k>N_1$时，$|\hat{x}_{1n_1}(k)-x_{1n_1}(k)|<\varepsilon$成立。

当$k>N_1$时，有

$$x_{1n_1}(k)-\varepsilon<\hat{x}_{1n_1}(k)<x_{1n_1}(k)+\varepsilon\tag{A-11}$$

$$x_{1n_1}(k+1)-\varepsilon<\hat{x}_{1n_1}(k+1)<x_{1n_1}(k+1)+\varepsilon\tag{A-12}$$

式(A-12)减去式(A-11)可得

$$\Delta x_{1n_1}(k)-2\varepsilon<\Delta\hat{x}_{1n_1}(k)<\Delta x_{1n_1}(k)+2\varepsilon\tag{A-13}$$

若取ε远小于$x_{1n_1}(k)$和$\Delta x_{1n_1}(k)$，即$\varepsilon\ll x_{1n_1}(k)$，$\varepsilon\ll\Delta x_{1n_1}(k)$，当$k>N_1$时，有

$$x_{1n_1}(k)\approx\hat{x}_{1n_1}(k)$$

所以，当$k>N_1+N_2$时，$x_{1n_1}(k)\approx\hat{x}_{1n_1}(k)$成立。由于$\hat{x}_{1n_1}(k)$足够接近其真实值$x_{1n_1}(k)$，结合$s(k)$和$g(k)$的计算式(A-8)和(A-9)可知

$$s(k)=g(k)\tag{A-14}$$

其次，证明由于区间估计不一致造成的估计误差在$k\to\infty$时会趋于零。

由式(A-14)可知，当$k>N_1+N_2$时，观测器的工作区间与系统的工作区间一致，也就是说，当用于判断观测器工作区间的各个变量都与决定系统工作区间的各个变量足够接近时，那么观测器判断出的工作区间与系统实际工作区间将会是一致的。

由式(4-6)可知

$$\Delta\boldsymbol{A}_{21sg}=\boldsymbol{A}_{21s(k)}-\boldsymbol{A}_{21g(k)}$$

$$\Delta\boldsymbol{\theta}_{22sg}=\boldsymbol{\theta}_{22s(k)}-\hat{\boldsymbol{\theta}}_{22g(k)}$$

$$g(k)\in\{1,2,3\},\quad s(k)\in\{1,2,3\}$$

其中，$s(k)$表示系统所在区间序号，$g(k)$表示观测器所在区间序号。

由(A-14)可知

当 $k\to\infty$时，有　　$\Delta\boldsymbol{A}_{21sg}=\boldsymbol{A}_{21s(k)}-\boldsymbol{A}_{21g(k)}=\boldsymbol{A}_{21s(k)}-\boldsymbol{A}_{21s(k)}=\boldsymbol{0}$

当 $k\to\infty$时，有　　$\Delta\boldsymbol{\theta}_{22sg}=\boldsymbol{\theta}_{22s(k)}-\boldsymbol{\theta}_{22g(k)}=\boldsymbol{\theta}_{22s(k)}-\boldsymbol{\theta}_{22s(k)}=\boldsymbol{0}$

由此可以推出，当 $k\to\infty$时，有

$$\lim_{k\to\infty}\Delta\boldsymbol{A}_{21sg}=0,\lim_{k\to\infty}\Delta\boldsymbol{\theta}_{22sg}=0\Rightarrow\lim_{k\to\infty}\|\Delta\boldsymbol{A}_{21sg}\|=0,\lim_{k\to\infty}\|\Delta\boldsymbol{\theta}_{22sg}\|=0 \tag{A-15}$$

最后，证明第二个线性环节的状态估计误差 $\boldsymbol{e}_2(k)$最终会趋于零。

根据文献[69]中的定理：设 $\boldsymbol{A}\in\boldsymbol{C}^{n\times n}$，$\forall\varepsilon>0$，总是存在某一矩阵范数 $\|\cdot\|_m$ (范数形式依赖 A 和 ε)，使得 $\|\boldsymbol{A}\|_m\|\leqslant\rho(\boldsymbol{A})+\varepsilon$。

因为 $\rho(\boldsymbol{A}_{22}-\boldsymbol{K}_2\boldsymbol{C}_{22})<1$，所以 $1-\rho(\boldsymbol{A}_{22}-\boldsymbol{K}_2\boldsymbol{C}_{22})>0$，若取 ε 满足 $0<\varepsilon<1-\rho(\boldsymbol{A}_{22}-\boldsymbol{K}_2\boldsymbol{C}_{22})$，根据以上定理可知：总存在某个范数 $\|\cdot\|_m$，使得 $\|\boldsymbol{A}_{22}-\boldsymbol{K}_2\boldsymbol{C}_{22}\|_m\leqslant\rho(\boldsymbol{A}_{22}-\boldsymbol{K}_2\boldsymbol{C}_{22})+\varepsilon$。

因为对 ε 取值时使得其满足：$0<\varepsilon<1-\rho(\boldsymbol{A}_{22}-\boldsymbol{K}_2\boldsymbol{C}_{22})$，所以有 $0<\rho(\boldsymbol{A}_{22}-\boldsymbol{K}_2\boldsymbol{C}_{22})+\varepsilon<1$

因此，对于给定条件的 ε 总存在某个范数 $\|\cdot\|_m$，使得

$$\|\boldsymbol{A}_{22}-\boldsymbol{K}_2\boldsymbol{C}_{22}\|_m\leqslant\rho(\boldsymbol{A}_{22}-\boldsymbol{K}_2\boldsymbol{C}_{22})+\varepsilon<1\Rightarrow\|\boldsymbol{A}_{22}-\boldsymbol{K}_2\boldsymbol{C}_{22}\|_m<1$$

对式(A-2)两边取 m 范数后再取极限，并根据范数三角不等性、相容性和等价性，有

$$\begin{aligned}\lim_{k\to\infty}\|\boldsymbol{e}_2(k+1)\|_m\leqslant&\|\boldsymbol{A}_{21g(k)}\|_m\lim_{k\to\infty}\|\boldsymbol{e}_1(k)\|_m\\&+\|(\boldsymbol{A}_{22}-\boldsymbol{K}_2\boldsymbol{C}_{22})\|_m\lim_{k\to\infty}\|\boldsymbol{e}_2(k)\|_m\\&+\lim_{k\to\infty}\|\Delta\boldsymbol{A}_{21sg}\|_m\lim_{k\to\infty}\|\boldsymbol{x}_1(k)\|_m+\lim_{k\to\infty}\|\Delta\boldsymbol{\theta}_{22sg}\|_m\end{aligned} \tag{A-16}$$

由式(A-7)和式(A-15)可知：$\lim\limits_{k\to\infty}\|\boldsymbol{e}_1(k)\|_m=0$，$\lim\limits_{k\to\infty}\|\Delta\boldsymbol{A}_{21sg}\|=0$，$\lim\limits_{k\to\infty}\|\Delta\boldsymbol{\theta}_{22sg}\|=0$，并结合定理条件(1)，由式(A-16)可以推出

$$\lim_{k\to\infty}\|\boldsymbol{e}_2(k+1)\|_m\leqslant\|(\boldsymbol{A}_{22}-\boldsymbol{K}_2\boldsymbol{C}_{22})\|_m\lim_{k\to\infty}\|\boldsymbol{e}_2(k)\| \tag{A-17}$$

因此，由式(A-17)可得

$$\lim_{k\to\infty}\frac{\|\boldsymbol{e}_2(k+1)\|_m}{\|\boldsymbol{e}_2(k)\|_m}\leqslant\|(\boldsymbol{A}_{22}-\boldsymbol{K}_2\boldsymbol{C}_{22})\|_m<1 \tag{A-18}$$

因为 $\|\boldsymbol{e}_2(k)\|_m$ 范数序列是一个正值序列，且式(A-18)成立，根据正项级数的比值判别定理可知，该正项级数收敛。而正项级数收敛的必要条件是其序列的极限为零，由此可得 $\lim\limits_{k\to\infty}\|\boldsymbol{e}_2(k)\|_m=0$。因此，$\hat{\boldsymbol{x}}_2(k)$收敛于 $\boldsymbol{x}_2(k)$，定理得证。

附录 B　间隙三明治系统观测器收敛定理证明

根据式(4-12)和式(4-13),可得

$$\boldsymbol{e}_1(k+1)=\boldsymbol{A}_{11}\boldsymbol{e}_1(k)-\boldsymbol{K}_1\boldsymbol{C}_{22}\boldsymbol{e}_2(k) \tag{B-1}$$

$$\boldsymbol{e}_2(k+1)=\boldsymbol{A}_{21g(k)}\boldsymbol{e}_1(k)+(\boldsymbol{A}_{22}-\boldsymbol{K}_2\boldsymbol{C}_{22})\boldsymbol{e}_2(k)+\Delta\boldsymbol{A}_{21sg}\boldsymbol{x}_1(k)+\Delta\boldsymbol{\theta}_{22sg} \tag{B-2}$$

首先,证明满足定理条件(2)和(3)时,第一个线性系统子状态的估计误差 $\boldsymbol{e}_1(k)$ 最终会趋于零。

由定理条件(3)可知:$\rho(\boldsymbol{A}_{11})<1$,$\boldsymbol{A}_{22}-\boldsymbol{K}_2\boldsymbol{C}_{22}$ 的谱半径 $\rho(\boldsymbol{A}_{22}-\boldsymbol{K}_2\boldsymbol{C}_{22})<1$。

由定理条件(3)并结合式(B-1)可得

$$\boldsymbol{e}_1(k+1)=\boldsymbol{A}_{11}\boldsymbol{e}_1(k) \tag{B-3}$$

对式(B-3)进行递推,得到

$$\boldsymbol{e}_1(k+1)=\boldsymbol{A}_{11}^k\boldsymbol{e}_1(1) \tag{B-4}$$

由文献[69]中的矩阵序列收敛定理可知:设 $\boldsymbol{A}\in\boldsymbol{C}^{n\times n}$,则 $\lim\limits_{k\to\infty}\boldsymbol{A}^k=0$ 的充分必要条件是 $\boldsymbol{A}$ 的谱半径 $\rho(\boldsymbol{A})<1$,因此

$$\rho(\boldsymbol{A}_{11})<1\Rightarrow\lim_{k\to\infty}\boldsymbol{A}_{11}^k=0 \tag{B-5}$$

又由间隙非光滑三明治收敛性定理可知,给定观测器的初始误差有界,即 $\|\boldsymbol{e}_1(1)\|_m\leqslant e_b$,$e_b\geqslant0$,则有

$$\begin{aligned}\lim_{k\to\infty}\|\boldsymbol{e}_1(k+1)\|_m&=\lim_{k\to\infty}\|\boldsymbol{e}_1(1)\,\boldsymbol{A}_{11}^k\|_m\\&\leqslant e_b\lim_{k\to\infty}\|\boldsymbol{A}_{11}^k\|_m\to0\end{aligned} \tag{B-6}$$

即

$$\lim_{k\to\infty}\|\boldsymbol{e}_1(k)\|_m=0\Rightarrow\lim_{k\to\infty}\boldsymbol{e}_1(k)=\boldsymbol{0}\Rightarrow\lim_{k\to\infty}(\boldsymbol{x}_1(k)-\hat{\boldsymbol{x}}_1(k))=\boldsymbol{0} \tag{B-7}$$

因此,$\hat{\boldsymbol{x}}_1(k)$ 收敛于 $\boldsymbol{x}_1(k)$ 得证。

其次,证明第二个线性系统子状态的估计误差 $\boldsymbol{e}_2(k)$ 最终会趋于零。

首先,证明当 $k\to\infty$ 时,观测器估计的工作区间与系统实际工作区间一致。由式(2-25)可知,$s(k)$ 和 $v(k)$ 的计算公式为

$$s(k)=\begin{cases}1, & v(k)=m_1(x_{1n_1}(k)-D_1), \quad x_{1n_1}(k)>\dfrac{v(k-1)}{m_1}+D_1, \Delta x_{1n_1}(k)>0\\ 2, & v(k)=v(k-1), \quad \text{其他}\\ 3, & v(k)=m_1(x_{1n_1}(k)+D_2), \quad x_{1n_1}(k)<\dfrac{v(k-1)}{m_2}-D_2, \Delta x_{1n_1}(k)<0\end{cases} \tag{B-8}$$

由式(3-12)可知,$g(k)$和$\hat{v}(k)$的计算公式如下

$$g(k)=\begin{cases}1, & \hat{v}(k)=m_1(\hat{x}_{1n_1}(k)-D_1), \quad \hat{x}_{1n_1}(k)>\dfrac{\hat{v}(k-1)}{m_1}+D_1, \Delta \hat{x}_{1n_1}(k)>0\\ 2, & \hat{v}(k)=\hat{v}(k-1), \quad \text{其他}\\ 3, & \hat{v}(k)=m_1(\hat{x}_{1n_1}(k)+D_2), \quad \hat{x}_{1n_1}(k)<\dfrac{\hat{v}(k-1)}{m_2}-D_2, \Delta \hat{x}_{1n_1}(k)<0\end{cases} \tag{B-9}$$

由式(B-7)可知,$\lim\limits_{k\to\infty}\boldsymbol{e}_1(k)=\boldsymbol{0}\Rightarrow\lim\limits_{k\to\infty}(\boldsymbol{x}_1(k)-\hat{\boldsymbol{x}}_1(k))=\boldsymbol{0}$,根据向量极限的定义可知,当向量极限为零向量时,其每一个元素的极限也为零。所以有

$$\lim_{k\to\infty}(x_{1n_1}(k)-\hat{x}_{1n_1}(k))=0\Leftrightarrow\lim_{k\to\infty}(\hat{x}_{1n_1}(k)-x_{1n_1}(k))=0 \tag{B-10}$$

结合式(B-10),根据序列极限定义可知:对于任意小的ε,$\varepsilon>0$,总存在N_1(N_1为大于零的正整数),当$k>N_1$时,$|\hat{x}_{1n_1}(k)-x_{1n_1}(k)|<\varepsilon$成立。

当$k>N_1$时,有

$$x_{1n_1}(k)-\varepsilon<\hat{x}_{1n_1}(k)<x_{1n_1}(k)+\varepsilon \tag{B-11}$$

$$x_{1n_1}(k+1)-\varepsilon<\hat{x}_{1n_1}(k+1)<x_{1n_1}(k+1)+\varepsilon \tag{B-12}$$

式(B-12)减去式(B-11)可得

$$\Delta x_{1n_1}(k)-2\varepsilon<\Delta\hat{x}_{1n_1}(k)<\Delta x_{1n_1}(k)+2\varepsilon \tag{B-13}$$

若取ε远小于$x_{1n_1}(k)$和$\Delta x_{1n_1}(k)$,即$\varepsilon\ll x_{1n_1}(k)$,$\varepsilon\ll\Delta x_{1n_1}(k)$,当$k>N_1$时,有

$$x_{1n_1}(k)\approx\hat{x}_{1n_1}(k),\quad \Delta x_{1n_1}(k)\approx\Delta\hat{x}_{1n_1}(k)$$

此时,由于实际间隙环节与观测器构造的间隙环节结构完全相同,所以观测器间隙输出按照式(B-9)再经过N_2次迭代,必有间隙输出:$v(k-1)\approx\hat{v}(k-1)$。

所以,当$k>N_1+N_2$时,$x_{1n_1}(k)\approx\hat{x}_{1n_1}(k)$,$\Delta x_{1n_1}(k)\approx\Delta\hat{x}_{1n_1}(k)$,$v(k-1)\approx\hat{v}(k-1)$均成立。由于$\hat{x}_{1n_1}(k)$、$\Delta\hat{x}_{1n_1}(k)$、$\hat{v}(k-1)$足够接近其真实值$x_{1n_1}(k)$、$\Delta x_{1n_1}(k)$、$v(k-1)$,结合$s(k)$和$g(k)$的计算式(B-8)和式(B-9)可知

$$s(k)=g(k) \tag{B-14}$$

其次,证明由于区间估计不一致造成的估计误差在$k\to\infty$时会趋于零。

由式(B-14)可知,当$k>N_1+N_2$时,观测器的工作区间与系统的工作区间一致,也就是说,当用于判断观测器工作区间的各个变量都与决定系统工作区间

的各个变量足够接近时，那么观测器判断出的工作区间与系统实际工作区间将会是一致的。

由式(4-13)可知

$$\Delta\boldsymbol{A}_{21sg}=\boldsymbol{A}_{21s(k)}-\boldsymbol{A}_{21g(k)},\quad \Delta\boldsymbol{\theta}_{22sg}=\boldsymbol{\theta}_{22s(k)}-\boldsymbol{\theta}_{22g(k)}$$
$$g(k)\in\{1,2,3\},\quad s(k)\in\{1,2,3\}$$

其中，$s(k)$表示系统所在区间序号，$g(k)$表示观测器所在区间序号。

当$k\to\infty$，$s(k)=g(k)$，$k\to\infty$，$v(k-1)=\hat{v}(k-1)$成立时，注意到式(2-25)中$\boldsymbol{\theta}_{22s(k)}$和式(3-12)中$\boldsymbol{\theta}_{22s(k)}$的计算公式，则有

$$\Delta\boldsymbol{A}_{21sg}=\boldsymbol{A}_{21s(k)}-\boldsymbol{A}_{21g(k)}=\boldsymbol{A}_{21s(k)}-\boldsymbol{A}_{21s(k)}=\boldsymbol{0}$$
$$k\to\infty,\quad \Delta\boldsymbol{\theta}_{22sg}=\boldsymbol{\theta}_{22s(k)}-\boldsymbol{\theta}_{22g(k)}=\boldsymbol{\theta}_{22s(k)}-\boldsymbol{\theta}_{22s(k)}=\boldsymbol{0}$$

由此可以推出，当$k\to\infty$时，有

$$\lim_{k\to\infty}\Delta\boldsymbol{A}_{21sg}=\boldsymbol{0},\quad \lim_{k\to\infty}\Delta\boldsymbol{\theta}_{22sg}=\boldsymbol{0}\Rightarrow\lim_{k\to\infty}\|\Delta\boldsymbol{A}_{21sg}\|=0,\quad \lim_{k\to\infty}\|\Delta\boldsymbol{\theta}_{22sg}\|=0 \tag{B-15}$$

最后，证明第二个线性环节的状态估计误差$\boldsymbol{e}_2(k)$最终会趋于零。

根据文献[69]中的定理：设$\boldsymbol{A}\in\boldsymbol{C}^{n\times n}$，$\forall\varepsilon>0$，总是存在某一矩阵范数$\|\cdot\|_m$（范数形式依赖$\boldsymbol{A}$和$\varepsilon$），使得$\|\boldsymbol{A}\|_m\leqslant\rho(\boldsymbol{A})+\varepsilon$。

由定理条件(3)可知$\rho(\boldsymbol{A}_{22}-\boldsymbol{K}_2\boldsymbol{C}_{22})<1$，所以$1-\rho(\boldsymbol{A}_{22}-\boldsymbol{K}_2\boldsymbol{C}_{22})>0$，若取$\varepsilon$满足$0<\varepsilon<1-\rho(\boldsymbol{A}_{22}-\boldsymbol{K}_2\boldsymbol{C}_{22})$，根据以上定理可知：总存在某个范数$\|\cdot\|_m$，使得$\|\boldsymbol{A}_{22}-\boldsymbol{K}_2\boldsymbol{C}_{22}\|_m\leqslant\rho(\boldsymbol{A}_{22}-\boldsymbol{K}_2\boldsymbol{C}_{22})+\varepsilon$。

因为对ε取值时使得其满足：$0<\varepsilon<1-\rho(\boldsymbol{A}_{22}-\boldsymbol{K}_2\boldsymbol{C}_{22})$，所以有$0<\rho(\boldsymbol{A}_{22}-\boldsymbol{K}_2\boldsymbol{C}_{22})+\varepsilon<1$。

所以，对于给定条件的ε总存在某个范数$\|\cdot\|_m$，使得

$$\|\boldsymbol{A}_{22}-\boldsymbol{K}_2\boldsymbol{C}_{22}\|_m\leqslant\rho(\boldsymbol{A}_{22}-\boldsymbol{K}_2\boldsymbol{C}_{22})+\varepsilon<1\Rightarrow\|\boldsymbol{A}_{22}-\boldsymbol{K}_2\boldsymbol{C}_{22}\|_m<1$$

对式(B-2)两边取m范数后再取极限，并根据范数三角不等性、相容性和等价性，有

$$\begin{aligned}\lim_{k\to\infty}\|\boldsymbol{e}_2(k+1)\|_m\leqslant&\|\boldsymbol{A}_{21g(k)}\|_m\lim_{k\to\infty}\|\boldsymbol{e}_1(k)\|_m\\&+\|(\boldsymbol{A}_{22}-\boldsymbol{K}_2\boldsymbol{C}_{22})\|_m\lim_{k\to\infty}\|\boldsymbol{e}_2(k)\|_m\\&+\lim_{k\to\infty}\|\Delta\boldsymbol{A}_{21sg}\|_m\lim_{k\to\infty}\|\boldsymbol{x}_1(k)\|_m+\lim_{k\to\infty}\|\Delta\boldsymbol{\theta}_{22sg}\|_m\end{aligned} \tag{B-16}$$

由式(B-7)和式(B-15)可知：$\lim_{k\to\infty}\|\boldsymbol{e}_1(k)\|_m=0$，$\lim_{k\to\infty}\|\Delta\boldsymbol{A}_{21sg}\|=0$，$\lim_{k\to\infty}\|\Delta\boldsymbol{\theta}_{22sg}\|=0$，根据定理条件(1)和(2)，由式(B-16)可以推出

$$\lim_{k\to\infty}\|\boldsymbol{e}_2(k+1)\|_m\leqslant\|(\boldsymbol{A}_{22}-\boldsymbol{K}_2\boldsymbol{C}_{22})\|_m\lim_{k\to\infty}\|\boldsymbol{e}_2(k)\|_m \tag{B-17}$$

因此，由式(B-17)可得

$$\lim_{k\to\infty}\frac{\|\boldsymbol{e}_2(k+1)\|_m}{\|\boldsymbol{e}_2(k)\|_m}\leqslant\|(\boldsymbol{A}_{22}-\boldsymbol{K}_2\boldsymbol{C}_{22})\|_m<1 \tag{B-18}$$

因为 $\|\boldsymbol{e}_2(k)\|_m$ 范数序列是一个正值序列，且式(B-18)成立，根据正项级数的比值判别定理可知，该正项级数收敛。而正项级数收敛的必要条件是其序列的极限为零，由此可得：$\lim\limits_{k\to\infty}\|\boldsymbol{e}_2(k)\|_m=0$。

因此，$\hat{\boldsymbol{x}}_2(k)$ 收敛于 $\boldsymbol{x}_2(k)$，定理得证。

附录C　迟滞三明治系统观测器收敛定理证明

根据式(4-18)和式(4-19)，可以得到式(C-1)和式(C-2)

$$\boldsymbol{e}_1(k+1)=\boldsymbol{A}_{11}\boldsymbol{e}_1(k)-\boldsymbol{K}_1\boldsymbol{C}_{22}\boldsymbol{e}_2(k) \tag{C-1}$$

$$\boldsymbol{e}_2(k+1)=\boldsymbol{A}_{21}(k)\boldsymbol{e}_1(k)+(\boldsymbol{A}_{22}-\boldsymbol{K}_2\boldsymbol{C}_{22})\boldsymbol{e}_2(k)+\Delta\boldsymbol{A}_{21}(k)\boldsymbol{x}_1(k)+\Delta\boldsymbol{\theta}_{22}(k) \tag{C-2}$$

第一步，证明满足定理条件(2)和(3)时，第一个线性系统子状态的估计误差$\boldsymbol{e}_1(k)$最终会趋于零。

由定理条件(3) 可得$\rho(\boldsymbol{A}_{11})<1$。其中，$\rho(\cdot)$表示矩阵的谱半径。由定理条件(3)并结合式(C-1)可得

$$\boldsymbol{e}_1(k+1)=\boldsymbol{A}_{11}\boldsymbol{e}_1(k) \tag{C-3}$$

对式(C-3)进行递推，得到

$$\boldsymbol{e}_1(k+1)=\boldsymbol{A}_{11}^{k}\boldsymbol{e}_1(1) \tag{C-4}$$

由文献[69]中的矩阵序列收敛定理可知：设$\boldsymbol{A}\in\boldsymbol{C}^{n\times n}$，则$\lim\limits_{k\to\infty}\boldsymbol{A}^k=0$的充分必要条件是$\boldsymbol{A}$的谱半径$\rho(\boldsymbol{A})<1$，因此

$$\rho(\boldsymbol{A}_{11})<1\Rightarrow\lim_{k\to\infty}\boldsymbol{A}_{11}^{k}=0 \tag{C-5}$$

由定理条件(2)可知

$$\lim_{k\to\infty}\|\boldsymbol{e}_1(k+1)\|_m=\lim_{k\to\infty}\|\boldsymbol{e}_1(1)\ \boldsymbol{A}_{11}^{k}\|_m\leqslant\boldsymbol{e}_b\lim_{k\to\infty}\|\boldsymbol{A}_{11}^{k}\|_m=0 \tag{C-6}$$

即

$$\lim_{k\to\infty}\|\boldsymbol{e}_1(k)\|_m=0\Rightarrow\lim_{k\to\infty}\boldsymbol{e}_1(k)=0\Rightarrow\lim_{k\to\infty}(\hat{\boldsymbol{x}}_1(k)-\boldsymbol{x}_1(k))=0 \tag{C-7}$$

因此，$\hat{\boldsymbol{x}}_1(k)$收敛于$\boldsymbol{x}_1(k)$得证。

第二步，证明满足定理条件(1)、(3) 和(4)时，第二个线性系统子状态的估计误差$\boldsymbol{e}_2(k)$最终会趋于零。

首先，证明观测器构造的迟滞的输入/输出状态在$k\to\infty$时会趋于实际迟滞的输入/输出状态。

由式(C-7)可知，$\lim\limits_{k\to\infty}\boldsymbol{e}_1(k)=\boldsymbol{0}\Rightarrow\lim\limits_{k\to\infty}(\hat{\boldsymbol{x}}_1(k)-\boldsymbol{x}_1(k))=\boldsymbol{0}$，根据向量极限的定义可知，当向量极限为零向量时，其每一个元素的极限也为零。所以有

$$\lim_{k\to\infty}(\hat{x}_{1n_1}(k)-x_{1n_1}(k))=0 \tag{C-8}$$

结合式(C-8)，根据序列极限定义可知：对于任意小的 ε，$\varepsilon>0$，总存在 N_1（N_1 为大于零的正整数），当 $k>N_1$ 时，$|\hat{x}_{1n_1}(k)-x_{1n_1}(k)|<\varepsilon$ 成立。

当 $k>N_1$ 时，有

$$x_{1n_1}(k)-\varepsilon<\hat{x}_{1n_1}(k)<x_{1n_1}(k)+\varepsilon \tag{C-9}$$

$$x_{1n_1}(k+1)-\varepsilon<\hat{x}_{1n_1}(k+1)<x_{1n_1}(k+1)+\varepsilon \tag{C-10}$$

式(C-10)减去式(C-9)可得

$$\Delta x_{1n_1}(k)-2\varepsilon<\Delta\hat{x}_{1n_1}(k)<\Delta x_{1n_1}(k)+2\varepsilon \tag{C-11}$$

若取 ε 远小于 $x_{1n_1}(k)$ 和 $\Delta x_{1n_1}(k)$，即 $\varepsilon\ll x_{1n_1}(k)$，$\varepsilon\ll\Delta x_{1n_1}(k)$，当 $k>N_1$ 时，有

$$\hat{x}_{1n_1}(k)\rightarrow x_{1n_1}(k)\text{ 且 }\Delta\hat{x}_{1n_1}(k)\rightarrow\Delta x_{1n_1}(k)$$

此时，由于迟滞由多个间隙环节线性叠加而成，且每一个实际间隙环节与观测器构造的间隙环节结构完全相同，所以观测器间隙输出按式(3-13)中 $\hat{z}_i(k)$ 的计算公式再经过 N_2 次迭代，必有间隙输出：$\hat{z}_i(k-1)\rightarrow z_i(k-1)$。

所以有

$$\hat{z}_i(k-1)\xrightarrow{k\to\infty}z_i(k-1) \tag{C-12}$$

因此，当 $k>N_1+N_2$ 时，$\hat{x}_{1n_1}(k)\rightarrow x_{1n_1}(k)$，$\Delta\hat{x}_{1n_1}(k)\rightarrow\Delta x_{1n_1}(k)$，$\hat{z}_i(k-1)\rightarrow z_i(k-1)$均成立。

其次，证明观测器估计各个中间变量和切换函数在 $k\rightarrow\infty$ 时将会与实际迟滞一致。

由于 $\hat{x}_{1n_1}(k)$、$\Delta\hat{x}_{1n_1}(k)$、$\hat{z}_i(k-1)$足够接近其真实值 $x_{1n_1}(k)$、$\Delta x_{1n_1}(k)$、$z_i(k-1)$，再结合式(2-34)、式(2-35)、式(2-36)中关于 $m_i(k)$、$g(k)$、$g_{1i}(k)$、$g_{2i}(k)$、$g_{3i}(k)$和式(3-13)中关于 $\hat{m}_i(k)$、$\hat{g}(k)$、$\hat{g}_{1i}(k)$、$\hat{g}_{2i}(k)$、$\hat{g}_{3i}(k)$的计算可得

$$\begin{cases}\hat{m}_i(k)\xrightarrow{k\to\infty}m_i(k)\\ \hat{g}(k)\xrightarrow{k\to\infty}g(k)\\ \hat{g}_{1i}(k)\xrightarrow{k\to\infty}g_{1i}(k)\\ \hat{g}_{2i}(k)\xrightarrow{k\to\infty}g_{2i}(k)\\ \hat{g}_{3i}(k)\xrightarrow{k\to\infty}g_{3i}(k)\\ \hat{z}_i(k-1)\xrightarrow{k\to\infty}z_i(k-1)\end{cases} \tag{C-13}$$

然后，证明在 $k\rightarrow\infty$ 时，由于工作区间不一致造成的估计误差为零。

由式(4-19)可知

$$\Delta \boldsymbol{A}_{21}(k)=\boldsymbol{A}_{21}(k)-\hat{\boldsymbol{A}}_{21}(k)=-(\hat{\boldsymbol{A}}_{21}(k)-\boldsymbol{A}_{21}(k))$$

由式(3-13)和式(2-39)可知

$$\begin{aligned}\Delta \boldsymbol{A}_{21}(k)&=-(\hat{\boldsymbol{A}}_{21}(k)-\boldsymbol{A}_{21}(k))=[\boldsymbol{0}\quad -(\boldsymbol{\beta}_2(k)-\boldsymbol{\beta}_2(k))]\\&-\lim_{k\to\infty}(\boldsymbol{\beta}_2(k)-\boldsymbol{\beta}_2(k))=-\lim_{k\to\infty}[\boldsymbol{B}_{22}\sum_{i=1}^{n}w_i(1-\hat{g}_{3i}(k))\hat{m}_i(k)]\\&+\lim_{k\to\infty}[\boldsymbol{B}_{22}\sum_{i=1}^{n}w_i(1-g_{3i}(k))m_i(k))]=\boldsymbol{0}\Rightarrow\lim_{k\to\infty}\Delta \boldsymbol{A}_{21}(k)\\&=\lim_{k\to\infty}-(\hat{\boldsymbol{A}}_{21}(k)-\boldsymbol{A}_{21}(k))=[\boldsymbol{0}\quad -\lim_{k\to\infty}(\boldsymbol{\beta}_2(k)-\boldsymbol{\beta}_2(k))]=\boldsymbol{0}\end{aligned}\tag{C-14}$$

由式(4-19)可知

$$\Delta \boldsymbol{\theta}_{22}(k)=\boldsymbol{\theta}_{22}(k)-\boldsymbol{\theta}_{22}(k)=-(\boldsymbol{\theta}_{22}(k)-\boldsymbol{\theta}_{22}(k))$$

由式(C-12)和式(C-13)有

$$\begin{aligned}\lim_{k\to\infty}\Delta \boldsymbol{\theta}_{22}(k)&=-\lim_{k\to\infty}(\boldsymbol{\theta}_{22}(k)-\boldsymbol{\theta}_{22}(k))\\&=\boldsymbol{B}_{22}\sum_{i=1}^{n}w_i\lim_{k\to\infty}[(1-\hat{g}_{3i}(k))\hat{m}_i(k)D_{1i}\hat{g}_{1i}(k)\\&\quad-(1-\hat{g}_{3i}(k))\hat{m}_i(k)D_{2i}\hat{g}_{2i}(k)-\hat{g}_{3i}(k)\hat{z}_i(k-1)]\\&\quad-\boldsymbol{B}_{22}\sum_{i=1}^{n}w_i\lim_{k\to\infty}[(1-g_{3i}(k))m_i(k)D_{1i}g_{1i}(k)\\&\quad-(1-g_{3i}(k))m_i(k)D_{2i}g_{2i}(k)-g_{3i}(k)z_i(k-1)]=\boldsymbol{0}\end{aligned}\tag{C-15}$$

由式(C-14)和式(C-15)可以推出,$k\to\infty$时,有

$$\lim_{k\to\infty}\Delta \boldsymbol{A}_{21}(k)=\boldsymbol{0}\text{ 且}\lim_{k\to\infty}\Delta \boldsymbol{\theta}_{22}(k)=\boldsymbol{0}\Rightarrow\lim_{k\to\infty}\|\Delta \boldsymbol{A}_{21}(k)\|=0\text{ 且}\lim_{k\to\infty}\|\Delta \boldsymbol{\theta}_{22}(k)\|=0\tag{C-16}$$

根据文献[59]中的定理:设$\boldsymbol{A}\in \boldsymbol{C}^{n\times n}$,$\forall\varepsilon>0$,总是存在某一矩阵范数$\|\cdot\|_m$(范数形式依赖$\boldsymbol{A}$和$\varepsilon$)使得$\|\boldsymbol{A}\|_m\leqslant\rho(\hat{\boldsymbol{A}})+\varepsilon$成立。因为$\rho(\boldsymbol{A}_{22}-\boldsymbol{K}_2\boldsymbol{C}_{22})<1$,所以$1-\rho(\boldsymbol{A}_{22}-\boldsymbol{K}_2\boldsymbol{C}_{22})>0$,若$\varepsilon$满足$0<\varepsilon<1-\rho(\boldsymbol{A}_{22}-\boldsymbol{K}_2\boldsymbol{C}_{22})$,根据以上定理可知:总存在某个范数$\|\cdot\|_m$,使得$\|\boldsymbol{A}_{22}-\boldsymbol{K}_2\boldsymbol{C}_{22}\|_m\leqslant\rho(\boldsymbol{A}_{22}-\boldsymbol{K}_2\boldsymbol{C}_{22})+\varepsilon$。

因为对ε取值时使得其满足:$0<\varepsilon<1-\rho(\boldsymbol{A}_{22}-\boldsymbol{K}_2\boldsymbol{C}_{22})$,所以有$0<\rho(\boldsymbol{A}_{22}-\boldsymbol{K}_2\boldsymbol{C}_{22})+\varepsilon<1$,所以,对于给定条件的$\varepsilon$总存在某个范数$\|\cdot\|_m$,使得$\|\boldsymbol{A}_{22}-\boldsymbol{K}_2\boldsymbol{C}_{22}\|_m\leqslant\rho(\boldsymbol{A}_{22}-\boldsymbol{K}_2\boldsymbol{C}_{22})+\varepsilon<1\Rightarrow\|\boldsymbol{A}_{22}-\boldsymbol{K}_2\boldsymbol{C}_{22}\|_m<1$成立。

最后,证明第二个线性环节的状态估计误差$\boldsymbol{e}_2(k)$最终会趋于零。对式(C-2)两边取m范数后再取极限,并根据范数三角不等性、相容性和等价性,有

$$
\begin{aligned}
\lim_{k\to\infty}\|\boldsymbol{e}_2(k+1)\|_m \leqslant & \|\boldsymbol{A}_{21}(k)\|_m \lim_{k\to\infty}\|\boldsymbol{e}_1(k)\|_m \\
& + \|(\boldsymbol{A}_{22}-\boldsymbol{K}_2\boldsymbol{C}_{22})\|_m \lim_{k\to\infty}\|\boldsymbol{e}_2(k)\|_m \\
& + \lim_{k\to\infty}\|\Delta\boldsymbol{A}_{21}(k)\|_m \lim_{k\to\infty}\|\boldsymbol{x}_1(k)\|_m + \lim_{k\to\infty}\|\Delta\boldsymbol{\theta}_{22}(k)\|_m
\end{aligned}
\tag{C-17}
$$

由式(C-7)和式(C-16)可知：$\lim\limits_{k\to\infty}\|\boldsymbol{e}_1(k)\|_m=0$，$\lim\limits_{k\to\infty}\|\Delta\boldsymbol{A}_{21}(k)\|=0$，$\lim\limits_{k\to\infty}\|\Delta\boldsymbol{\theta}_{22}(k)\|=0$，结合定理条件(1)和(2)，由式(C-17)可以推出

$$
\lim_{k\to\infty}\|\boldsymbol{e}_2(k+1)\|_m \leqslant \|(\boldsymbol{A}_{22}-\boldsymbol{K}_2\boldsymbol{C}_{22})\|_m \lim_{k\to\infty}\|\boldsymbol{e}_2(k)\|_m \tag{C-18}
$$

因此，由式(C-18)可得

$$
\lim_{k\to\infty}\frac{\|\boldsymbol{e}_2(k+1)\|_m}{\|\boldsymbol{e}_2(k)\|_m} \leqslant \|(\boldsymbol{A}_{22}-\boldsymbol{K}_2\boldsymbol{C}_{22})\|_m < 1 \tag{C-19}
$$

因为$\|\boldsymbol{e}_2(k)\|_m$范数序列是一个正值序列，且式(C-19)成立，根据正项级数的比值判别定理可知，该正项级数收敛。而正项级数收敛的必要条件是其序列的极限为零，由此可得：$\lim\limits_{k\to\infty}\|\boldsymbol{e}_2(k)\|_m=0$。

因此，$\hat{\boldsymbol{x}}_2(k)$收敛于$\boldsymbol{x}_2(k)$。因此，定理得证。

参 考 文 献

[1] Ronald K, Pearson J. Nonlinear input/output modeling [J]. Journal of Process Control, 1995, 5(4): 197-211.

[2] Taware, G. Tao. Control of sandwich nonlinear systems [D]. Virginia: Uniersity of Virginia, 2001.

[3] Wei Bai. A blind approach to the Hammerstein-Wiener model identification [J]. Automatica, 2002, 38(6): 967-979.

[4] 王林川等. 基于负反馈原理的功放电路交越失真解决方法研究 [J]. 北京电子科技学院学报, 2008, 16(2): 26-29.

[5] 李柏渝. 多频卫星接收机射频电路的研究与实现[D]. 长沙: 国防科学技术大学硕士论文, 2007.

[6] 王坚. 调频激励器锁相电路的分析与检修[J]. 西部广播电视, 2003, 4: 45.

[7] D. J. Luenberger. An introduction to observers [J]. IEEE Transactions on Automatic Control. 1971, 16 (6): 596-602.

[8] Boutayeb M. Observers design for linear time-delay systems [J]. Systems & Control Letters, 2001, 44(2): 103-109.

[9] Boutayeb M, Darouach M. A reduced-order observer for non-linear discrete-time systems [J]. Systems & Control Letters, 2000, 39 (2): 141-151.

[10] Ibrir S, Sette D. Novel. LMI conditions for observer-based stabilization of Lipschitzian nonlinear systems and uncertain linear systems in discrete-time [J]. Applied Mathematics and Computation, 2008, 206(2): 579-588.

[11] Apostolos D, Aleksandar J, Nenad M. Observer Designs for Experimental Non-Smooth and Discontinuous Systems [J]. IEEE Transactions on Automatic Control. 2008, 16(6): 1323-1332.

[12] Alessandri A, Coletta P. Design of Luenberger observers for a class of hybrid linear systems[C]// Hybrid Systems: Computation and Control.

Berlin:Springer,2001:7-18.

[13] Alessandri A,Coletta P. Switching observers for continuous-time and discrete-time linear systems [C]//Proceedings of the American Control Conference. New York:IEEE,2001:2516-2521.

[14] Juloski A,Heemels W. ,Weiland. Observer Design for a Class of Piecewise Affine Systems[C]//Proceedings of the 41st IEEE Conference on Decision and Control. New York:IEEE,2002:2606-2611.

[15] Weiming Xiang. Observer Design and Analysis for Switched Systems with Mismatching Switching Signal [C]//2008 International Conference on Intelligent Computation Technology and Automation, Piscataway:IEEE,2008:650-654.

[16] Lj A Juloski. Two Approaches to State Estimation for a Class of Piecewise Affine Systems[C]//Proceedings of the 42nd IEEE Conference on Decision and Control Maui,New York:IEEE,2003:143-148.

[17] Hansheng Wu. Adaptive Robust State Observers for a Class of Uncertain Nonlinear Dynamical Systems with Delayed State Perturbations [J]. IEEE Transactions on Automatic Control,2009,54(6):1407-1412.

[18] Remy N,Damien K,Eduardo M. LMI design of a switched observer with model uncertainty:Application to a hysteresis mechanical system[C]//Proceedings of the 46th IEEE Conference on Decision and Control. New York:IEEE,2007:6298-6303.

[19] Salim I. Simultaneous state and dead-zone parameter estimation using high-gain observers[C]//Proceedings of the 2009 IEEE International Conference on Systems,Man,and Cybernetics. New York:IEEE,2009:311-316.

[20] Ferdose S,Shubhi P. A Nonlinear State Observer Design for 2—DOF Twin Rotor System Using Neural Networks[C]//2009 International Conference on Advances in Computing,Control,and Telecommunication Technologies. New York:IEEE,2009:15-19.

[21] Gao B,et al. Design of nonlinear shaft torque observer for trucks with Automated Manual Transmission [J]. Mechatronics, 2011, 21 (6): 1034-1042.

[22] Venkatraman A,Schaft A. Full-order observer design for a class of port-Hamiltonian systems [J]. Automatica,2010,46(3):555-561.

[23] Iasson K, Zhongping J. Hybrid dead-beat observers for a class of nonlinear systems [J]. Systems & Control Letters, 2011, 60(8): 608-617.

[24] Pertew A, Marquez H, Zhao Q. Design of unknown input observers for Lipschitz nonlinear systems [C]//Proceedings of the 2005 American Control Conference, New York: IEEE, 2005: 4198-4203.

[25] Shumei G, et al. Observer-Type Kalman Innovation Filter for Uncertain Linear Systems [J]. IEEE Transactions on Aerospace and Electronic Systems, 2001, 37(4): 1406-1418.

[26] Philippe N, Eric B, Gérard T. Robust Filtering for Linear Time-Invariant Continuous Systems [J]. IEEE Transactions on Singal processing, 2007, 5(10): 4752-4757.

[27] Marquez H., Riaz M. Robust state observer design with application to an industrial boiler system [J]. Control Engineering Practice, 2005, 13(6): 713-728.

[28] Wu H, Li H, Robust adaptive neural observer design for a class of nonlinear parabolic PDE systems [J]. Journal of Process Control, 2011, 21(8): 1172-1175.

[29] Chung S, Edwin E, YvonneI Y. Design of mixed H_2-dissipative observers with stochastic resilience for discrete-time nonlinear systems [J]. Journal of the Franklin Institute 2011, 348(4): 790-809.

[30] Fuqiang Y, Zuohua T, Songjiao S. Actuator Fault Diagnosis for a Class of Time-delay Systems[C]//Proceedings of the 5th World Congress on Intelligent Control and Automation, New York: IEEE, 2004: 1798-1802.

[31] Lingya M, Bin J, Yufei X. Observer-based Robust Fault Diagnosis for a Class of Uncertain Nonlinear Systems[C]//2009 Chinese Control and Decision Conference, New York: IEEE, 2009: 885-889.

[32] Aiping X, Qinghua Z. Residual Generation for Fault Diagnosis in Linear Time-Varying Systems [J]. IEEE Transaction on Automatic control, 2004, 49(5): 767-780.

[33] Caccavale F, Cilibrizzi P, Pierri F, Villani L. Actuator fault diagnosis for robot manipulators with uncertain model [J]. Control Engineering Practice, 2009, 17(1): 146-157.

[34] Caccavale F, Pierri F, Villani L. Adaptive Observer for fault diagnosis in nonlinear discrete-time systems [J]. ASME Journal of Dynamic System,

Measurement, and Control, 2008, 130(2): 1-9.

[35] Khosrowjerdi M., Nikoukhah R., Safari-Shad N.. Fault detection in a mixed H_2/H_∞ setting [J]. IEEE Transactions on Automatic Control, 2005, 50(7): 1063-1068.

[36] Hou M., Patton R. J. An LMI approach to H_2/H_∞ fault detection observers [C]//UKACC International Conference on Control 1996, London: IEE, 1996: 305-310.

[37] Xuewu Dai, Zhiwei Gao, Tim Breikin, Hong Wang. Zero Assignment for Robust H_2/H_∞ Fault Detection Filter Design [J]. IEEE Transactions on Signal Processing, 2009, 57(4): 1363-1372.

[38] Xuewu Dai, Zhiwei Gao, Tim Breikin, Hong Wang. Disturbance Attenuation in Fault Detection of Gas Turbine Engines: A Discrete Robust Observer Design [J]. IEEE Transactions on systems, Man, and Cybernetics-Part C: Applications and reviews, 2009, 39(2): 234-129.

[39] Xuewu Dai, Tim Breikin, Zhiwei Gao, Hong Wang. Dynamic Modelling and Robust Fault Detection of a Gas Turbine Engine [C]//2008 American Control Conference, Piscataway: IEEE, 2008: 2160-2165.

[40] Xuewu Dai, Guangyuan Liu, Zhengji Long. Discrete-time Robust Fault Detection Observer Design: a Genetic Algorithm Approach [C]//Proceedings of the 7th World Congress on Intelligent Control and Automation, Piscataway: IEEE, 2008: 2843-2848.

[41] Fanglai Zhu, Feng Cen. Full-order observer-based actuator fault detection and reduced-order observer-based fault reconstruction for a class of uncertain nonlinear systems [J]. Journal of Process Control, 2010, 20(10): 1141-1149.

[42] Belkhiat D, Messai N, Manamanni N. Design of a robust fault detection based observer for linear switched systems with external disturbances [J]. Nonlinear Analysis: Hybrid Systems, 2011, 5(2): 206-219.

[43] Wenhui Wang, Linglai Li, Donghua Zhou, Kaidi Liu. Robust state estimation and fault diagnosis for uncertain hybrid nonlinear systems [J]. Nonlinear Analysis: Hybrid Systems, 2007, 1: 2-15.

[44] Xinzhi Liu, Shuai Yuan. On designing H_∞ fault estimator for switched nonlinear systems of neutral type [J]. Communications Nonlinear Science Numerical Simulation, 2011, 16(11): 4379-4389.

[45] Renganathan K., VidhyaCharan B. An observer based approach for achieving fault diagnosis and fault tolerant control of systems modeled as hybrid Petri nets [J]. ISA Transactions, 2011, 50(3): 443-453.

[46] Renganathan K, Vidhyacharan B. Observer based on-line fault diagnosis of continuous systems modeled as Petri nets [J]. ISA Transactions, 2010, 49(4): 587-595.

[47] Weitian Chen, Mehrdad Saif. Actuator fault diagnosis for a class of non-linear systems and its application to a laboratory 3D crane [J]. Automatica, 2011, 47(7): 1435-1442.

[48] Orani N, Pisano A, Usai E. Fault diagnosis for the vertical three-tank system via high-order sliding-mode observation [J]. Journal of the Franklin Institute 2010, 347(6): 923-939.

[49] Lane M, Rabelo B. Sliding mode observer for on-line broken rotor bar detection [J]. Electric Power Systems Research, 2010, 80 (9): 1089-1095.

[50] Jozef V. Recursive identification of Hammerstein systems with discontinuous nonlinearities containing dead-zones [J]. IEEE Transactions on Automatic Control. 2003, 48(12): 2203-2206.

[51] Yonghong Tan, Ruili Dong, Ruoyu Li. Recursive Identification of Sandwich Systems With Dead Zone and Application [J]. IEEE Transactions on Control Systems Technology, 2009, 17(4): 945-951.

[52] Gang T. Adaptive Control of Systems with Nonsmooth Input and Output Nonlinearities [J]. IEEE Transactions on Automatic Control, 41 (9): 1996: 1348-1352.

[53] 董瑞丽. 非光滑三明治系统的辨识和控制研究[D]. 上海:上海交通大学博士论文,2008.

[54] Shiva S, Kari S. Backlash Identification in Transmission Unit [C]//18th IEEE International Conference on Control Applications Part of 2009 IEEE Multi-conference on Systems and Control, New York: IEEE, 2009: 1325-1331.

[55] Dong R., Tan Q., Tan Y. Recursive identification algorithm for dynamic systems with output backlash and its convergence [J]. International Journal of Applied Mathematics and Computer Science, 2009, 19 (4): 631-638.

[56] Ruili Dong, Yonghong Tan, Hui Chen. Recursive identification for dynamic systems with backlash [J]. Asian Journal of Control, 2010, 12(1):26-38.

[57] Xinlong Zhao, Yonghong Tan. Neural network based identification of Preisach-type hysteresis in piezoelectric actuator using hysteretic operator [J]. Sensors and Actuators A:Physical, 2006, 126(2):306-311.

[58] Rui Dong and Yong Tan, A neural networks based model for rate-dependent hysteresis for piezoceramic actuators [J]. Sensors and Actuators A:Physical, 2008, 141(2):370-376.

[59] 马连伟.三明治迟滞非线性系统的建模与控制研究[D].上海:上海交通大学博士论文,2007.

[60] 赵彤.基于 Preisach 迟滞非线性建模与神经网络自适应控制方案设计[D].上海:上海交通大学博士论文,2004.

[61] Kugi, D. Thull, K. Kuhnen. An infinite-dimensional control concept for piezoelectric structures with complex hysteresis [J]. Structural Control and Health Monitoring. 2006, 13(6):1099-1119.

[62] Kuhnen K, Janocha H. Adaptive Inverse Control of Piezoelectric Actuators with Hysteresis Operators [C]// European Control Conference Ecc'99, New York:IEEE, 1999:F0291-F0299.

[63] Bergqvist A, Engdahl G. A Phenom Enological Magnetom Echanical Hysteresis Model [J]. Journal Applied Physics, 1994, 75(10):5496-5498.

[64] 周祖鹏,谭永红.基于非光滑观测器的带间隙三明治系统状态估计[J].控制理论与应用,2012,29(1):35-41.

[65] Jozef V. Modeling and identification of systems with backlash [J]. Automatica, 46(2):69-374.

[66] 刘豹,唐万生.现代控制理论(第 3 版)[M].北京:机械工业出版社,2006.

[67] Yangqiu Xie, Yonghong Tan, Ruili Dong. Identification of sandwich systems with dead zone using combinational input signals [J]. Transactions of the Institute of Measurement and Control Systems, 2011, 33(8):957-970.

[68] Yangqiu Xie, Yonghong Tan, Ruili Dong. Identification of sandwich systems with hysteresis based on two-stage method [C]//Proceedings of the 2010 International Conference on Modeling, Identification and Con-

trol,New York:IEEE,2010:370-375.

[69] 曾详金,吴华安.矩阵分析及其应用[M].武汉:武汉大学出版社,2007.

[70] 胡寿松.自动控制原理(第四版)[M].北京:国防工业出版社,1999.

[71] 吴麒.自动控制原理[M].北京:清华大学出版社,1990.

[72] Cheryl B. ,Michael K. Research on system zeros:A Suvey [J]. International Journal of Control,1989,50(4):1407-1433.

[73] Na Luo,Yonghong Tan,Ruili Dong. Observability and controllability analysis for sandwich systems with dead-zone [J]. International Journal of Control,Automation and Systems,2016,14(1):188-197.

[74] Na Luo,Yonghong Tan,Ruili Dong. Observability and controllability analysis for sandwich systems with backlash [J]. International Journal of Applied Mathematics and Computer Science,2015,25(4):803-814.